宇宙奥秘

张邦固 著　（第二版）

科学出版社

北京

图书在版编目(CIP)数据

宇宙奥秘/张邦固著. —2版. —北京：科学出版社，2015
ISBN 978-7-03-045817-9

Ⅰ. ①宇… Ⅱ. ①张… Ⅲ. ①宇宙-普及读物 Ⅳ. ①P159-49

中国版本图书馆 CIP 数据核字（2015）第 227204 号

策划编辑：侯俊琳
责任编辑：樊　飞 / 责任校对：胡小洁
责任印制：徐晓晨 / 封面设计：众聚汇合

科学出版社 出版
北京东黄城根北街 16 号
邮政编码：100717
http://www.sciencep.com

北京九州迅驰传媒文化有限公司印刷
科学出版社发行　各地新华书店经销

*

2002 年 6 月第 一 版　开本：720×1000　1/16
2016 年 1 月第 二 版　印张：9 1/4
2025 年 7 月第四次印刷　字数：200 000
定价：48.00 元
（如有印装质量问题，我社负责调换）

第二版前言

本书初版 2002 年 6 月面世。在当年暑假的一次学术会议上，我概要地介绍了其主要内容。与会的老师们反映热烈。初次见面的北京航空航天大学的梁家惠老师邀我去做讲座。10 月，讲演进行时，同学们坐满了阶梯教室。两个学时的报告之后，相互交流了一个学时还意犹未尽。为了不影响旁人，交流移到走廊又持续了一个多小时。这期间，要求签名的同学有 20 多名。让我头一次体会了当"明星"的滋味。2003 年 3 月在南开大学又讲了一次。情况大同小异。社会对《宇宙奥秘》的反响继续看好。9 月在吉林大学、10 月在中国科学院高能物理研究所研究生班、11 月在北京工业大学又讲了三次。不到一年，首印 7000 册书就没有了库存。

2008 年 12 月，其姊妹篇《空间奥秘》由清华大学出版社出版，首印 5000 册；第二年重印 3300 册；之后三印、四印。

这些情况均表明，读者，特别是青年学生对宇宙学知识的科普书籍是欢迎的。

同时，非科学的"无中生有"宇宙观甚嚣尘上，文章、书籍、电台、电视，铺天盖地。记得，21 世纪初，笔者在电视中看到，当时的梵蒂冈教皇接见了此宇宙观的代表人物霍金，亲切地摸着他的头。2014 年 10 月 28 日，罗马天主教教皇方济各在梵蒂冈教皇科学院发表演说，肯定大爆炸及演化，称"上帝不是魔术师"，不是挥一挥魔术棒便创造世界。他称大爆炸及演化跟上帝神圣创造者角色并不矛盾，反而印证了上帝存在，因为大爆炸及演化都需要上帝。

看来，二者是不分彼此的。

这些表明，科学宇宙观的研究和宣传普及任重而道远。本书希望能为此聊尽绵薄之力。

2014年10月，在科学出版社建社60年退休人员的活动中，张小凌领导的关心是笔者动手再版的直接动力。

再版会增加一些篇幅。其中多数是笔者在十多年中的工作。例如，在"原子核物理评论"上发表的'孤立纯光子系统与背景辐射'(2004)和'宇宙质心参考系'(2005)，在"科学研究月刊"上发表的'宇宙微波背景辐射的物理内涵'(2006)等。特别是后者的英文'The Physics in Cosmic Microwave Background Radiation'有比较大的影响，发表八年以来，每隔一两个星期，笔者的电子邮箱就会收到该段时间所发表的相关论文的信息。

感谢张小凌领导、侯俊琳分社长、樊飞编辑和他们的同仁，由于他们的帮助，本书才得以出版。

张邦固

2015年7月29日

第一版前言

宇宙有多大？

为什么说它是膨胀着的？

它膨胀多长时间了？

它会一直膨胀下去吗？

将来，它会收缩吗？会收缩多长时间？

以后呢？

这些就是本书希望能够说清楚的主要问题。笔者希望读者不仅了解这些问题的答案，而且能够知道得到这些答案的方法和根据。

这是一本科普书。第1章是引子，从我们身边的物质，通过地球、太阳系、银河系，把读者引到本书的主题——宇宙的整体运动。我们还介绍了对科学与神学、科学与哲学等关系的看法。希望读者清楚科学与非科学的区别。

为了读者理解上述问题答案的依据，第2章简要介绍了一些必要的物理学基础知识。

第3章简要介绍了一些天文观测的方法和重要的观测结果。主要有星星、星系的距离及速度的观测方法、最远星系的距离、哈勃关系、宇宙微波背景辐射等。通过这一章，读者就会了解宇宙有多大了，也会知道，说宇宙正在膨胀的根据。

第4章简要介绍了牛顿宇宙论和现代宇宙标准模型，它们的成功和不足。

第5章介绍了笔者的有关工作，主要想说清楚，背景辐射在宇

宙目前阶段是非常重要的，宇宙将来会收缩，收缩到一定程度会引发下一次大爆炸。

第6章主要介绍了笔者对人类未来的一些设想，为回避将来人类会遇到的灾难，设计了一些可能的初步方案。

在叙述中，本身尽量少采用数学推演，只保留很少的数学。它们对于增强读者对书中所阐明观点的信心大有益处。对数学感到头痛的读者完全可以跳过所有的数学式子，只读文字也会弄清楚所介绍的内容。当然，对于喜欢深入研究的读者，本书的介绍就远远不够了。作为弥补，在相关的地方，本书给出了参考文献。有兴趣的读者可以阅读有关的书籍。

在准备和出版本书的过程中，笔者得到了中国科学院葛庭燧院士、北京大学张树霖、复旦大学陆全康、西南交通大学焦善庆、湖南师范大学颜家壬、中国科学院物理研究所邢修三、商丘师专罗绍凯、云南大学张一方等许多专家教授的鼓励和支持，还得到了马素卿编审和科学出版社许多同仁的帮助，笔者在此一并致谢。

目 录

CONTENTS

第二版前言

第一版前言

第1章 引子 ………………………………………………… 1
    1.1 神话传说与科学 …………………………………… 1
    1.2 本书宗旨 …………………………………………… 7
    1.3 关于哲学 …………………………………………… 8

第2章 物理学基础 ………………………………………… 10
    2.1 物理学的对象 ……………………………………… 10
    2.2 物质运动 时间和空间 …………………………… 12
    2.3 质量 质量守恒 …………………………………… 17
    2.4 功、能、能量守恒 ………………………………… 19
    2.5 质能关系 …………………………………………… 20

第3章 膨胀的宇宙 ………………………………………… 28
    3.1 距离的测量 ………………………………………… 28
    3.2 波动与多普勒效应 ………………………………… 34

  3.3 光波与特征谱线 …………………………………… 37
  3.4 哈勃关系和大爆炸宇宙模型 ……………………… 40
  3.5 黑体辐射 …………………………………………… 41
  3.6 背景辐射 …………………………………………… 44

第 4 章 宇宙学 ……………………………………………… 47
  4.1 牛顿宇宙论 ………………………………………… 48
  4.2 广义相对论引力场方程 …………………………… 49
  4.3 宇宙学原理 ………………………………………… 52
  4.4 标准模型 …………………………………………… 54
  4.5 有关标准模型的问题 ……………………………… 57
  4.6 "有产生于无" ……………………………………… 72

第 5 章 运动的宇宙 ………………………………………… 75
  5.1 光子平衡态 ………………………………………… 75
  5.2 宇宙总能量 ………………………………………… 80
  5.3 宇宙从膨胀到收缩的转折 ………………………… 84
  5.4 宇宙收缩 …………………………………………… 86
  5.5 宇宙膨胀过程中的熵 ……………………………… 90
  5.6 黑洞的震荡 ………………………………………… 91
  5.7 孤立系统 …………………………………………… 93
  5.8 大宇宙的图像 ……………………………………… 94
  5.9 小结 ………………………………………………… 105

第 6 章 对人类的挑战 ……………………………………… 107
  6.1 我们宇宙还要膨胀多久? ………………………… 107
  6.2 太阳晚期 …………………………………………… 112

6.3 宇宙间的流浪 …………………………………… 116
6.4 宇心的方位 ……………………………………… 117
6.5 飞行速度与载荷比 ……………………………… 123
6.6 宇宙飞船 ………………………………………… 124
6.7 外行星、燃料库 ………………………………… 125

附录　作者简历 ………………………………………… 131
名词术语 ………………………………………………… 134

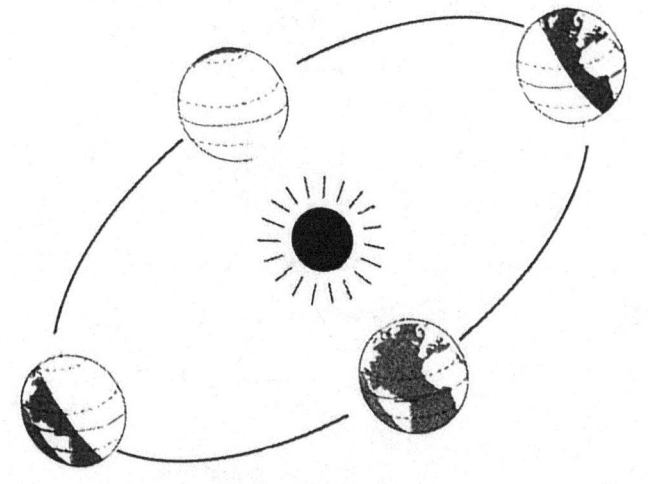

第 1 章

引　　子

1.1　神话传说与科学

千百年来，在中华民族流传着盘古开天地的神话。

很久很久以前，天地一片混沌，分不清哪儿是天，哪儿是地，盘古便沉睡其间。有一天，盘古醒来，感到十分气闷。于是，他大吼一声，双手擎起了天，双脚踏实了地。后来，又逐渐有了山川万物。这是我们的祖先通过观察、想象、又经过多少代的流传而形成的故事（图 1.1）。

随着历史发展，观察仪器和手段的进步使科学家得到关于宇宙的更接近实际的看法。

图 1.1　盘古开天地

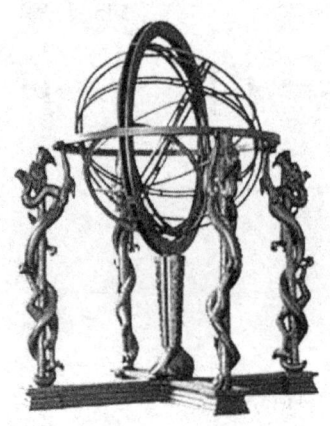

图 1.2　浑天仪

我国东汉时代的科学家张衡（78～139）发明的浑天仪（图 1.2）反映了当时人们的天地观：大地如鸡蛋黄，天空如蛋壳，日月星辰在天穹上运动。所以，人们才看到，太阳每天从东方升起，越过天空，到西方落下。

这种混天说实际上是一种地心说。西方中世纪盛行的地心说的大意是，地球位于宇宙的中心，日月星辰都环绕地球运动。

15 世纪波兰天文学家哥白尼（1472～1543）提出了日心说：不是太阳绕着地球旋转，而是地球绕着太阳旋转，绕行一周的时间是一年。表面上看到的太阳升落的原因是地球在自转，自转一周要一天。

日心说是天文学上一场革命性变化。它开辟了科学发展的新阶段。今天我们知道，除了地球绕着太阳旋转之外，还有七颗星星绕着太阳旋转。我们把它们叫做行星。依照距离太阳的近远，它们分别是水星、金星、火星、木星、土星、天王星、海王星。地球在金星和火星之间。在火星和木星之间还有一个小行星带，其中有成千上万颗小行星。大行星往往还有卫星绕其旋转。月亮就是地球的卫星。它绕地球一周要用一个月少一点的时间。在各行星之间还有许多彗星穿行。太阳和它的行星、彗星、卫星等构成了太阳系（图1.3）。

图1.3　太阳系

太阳是一个大火球。表面温度约为5600K。质量约为2×10^{33}克，大约是地球质量的30万倍。太阳的半径大约是7×10^8米，约为地球半径的100倍（图1.4）。

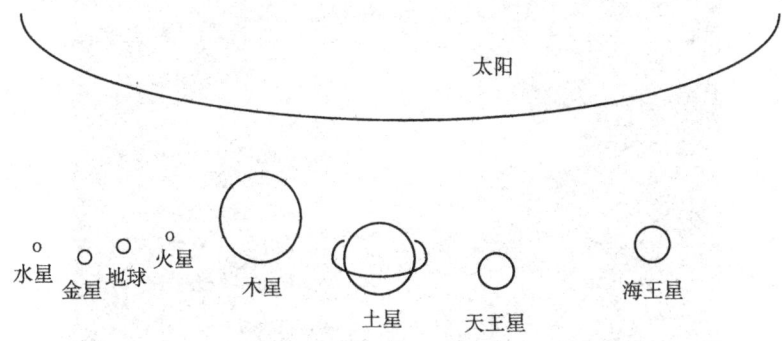

图1.4　八大行星与太阳的大小，实际上，这只是一个示意图，太阳的实际比例还要大得多

地球到太阳的距离约为 $1.5×10^8$ 千米。我们知道,光每秒运动 $3×10^5$ 千米。所以,太阳光照射到地球大约运行了 8 分钟。

我们离开主题一会儿,介绍一下用指数方式来表示大数的形式。数字太大,位数很多,后面有许多零,写起来不方便。这时,用指数形式就很方便。例如,上面提到的光速,光每秒运动 $3×10^5$ 千米,就是说,它每秒跑 300 000 千米。换句话说,10^5 就是 100 000,右上角的数字(叫做指数)就是零的个数。

像太阳这样发光的星星叫恒星。离我们太阳系最近的一颗恒星到太阳的距离大约是 4 光年。光年是一个很大的距离单位,它等于光运动一年的距离,大约是 10^{16} 米。可见,天空是多么空旷。

太阳和其他约 10^{11} 个恒星一起形成了银河系。人们在夜空看到的横贯天空的一条由星星组成的带子就是银河系。银河系是一种旋涡星系。它们的形状很像是两个钹合在一起(图 1.5~图 1.7),中间基本上是一个球。银河系的中间球半径约 67 光年,质量约 $2×10^{38}$ 千克;周边扁,半径约 5 万光年,厚约 670 光年。太阳位于距中心 3.5 万光年处。

图 1.5　旋涡星系的正面照片

第 1 章 引　子

图 1.6　银河系

图 1.7　银河系立体图

目前观察到的宇宙大约包含了 10^{11} 个星系。

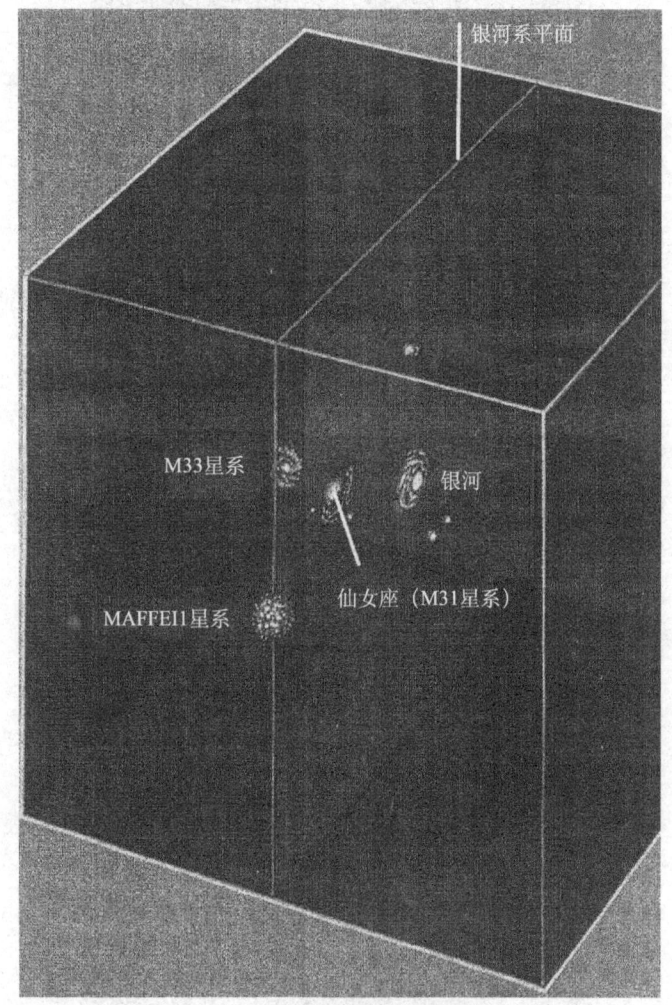

图 1.8 本星系群

20 世纪 20 年代,科学家发现,许多星系都正在远离我们而去;60 年代,科学家又发现了宇宙背景辐射。为了解释这些观测事实,科学家逐渐形成了一个较为成熟的理论,这就是所谓的标准模型。

第1章 引子

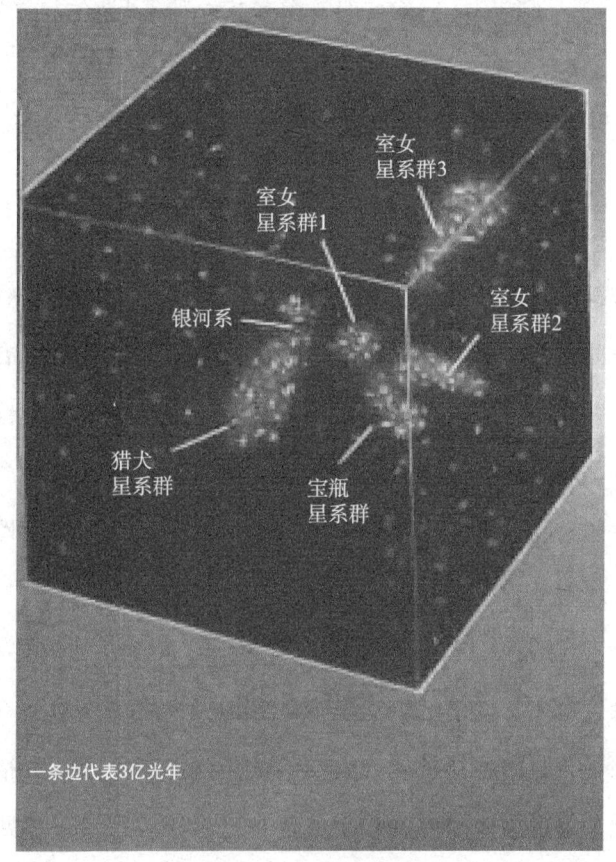

图1.9 超本星系群

1.2 本书宗旨

我们力图用通俗的语言向读者介绍现代科学的研究成果。首先叙述一些必备的基础知识；再介绍实际的天文观测结果；接着便叙述标准模型；最后介绍一些笔者的研究工作和看法。

在叙述中，本书尽量少采用数学推演，只保留很少的数学，因为它们对于增强读者对书中所阐明观点的信心大有益处。对数学感到头痛的读者完全可以跳过所有的数学式子，只读文字也是会弄清

楚所要介绍的内容的。当然,对于喜欢深入研究的读者,本书的介绍就远远不够了。作为弥补,在相应的地方,本书都给出了参考文献,有兴趣的读者可以阅读有关的书籍。

1.3 关于哲学

本书叙述的主题是,宇宙物质整体的运动。因此,必然要涉及像物质、运动、空间、时间等基本物理概念。而这些,恰恰也是哲学研究的主要内容之一。这样,本书的叙述中难免有一点哲学的术语。因为,对于这些基本概念的阐述,使用哲学语言才最严格、最全面。比如时间,笔者实在想不出有比"物质运动的持续性"更恰当、更简捷的定义方式了。

对于古代的人们来说,时间就是太阳一天天从东方冉冉升起、向西方徐徐落下,就是烟袋锅里烟叶的慢慢燃烧……对于现代都市的人们来说,时间就是钟表滴答滴答的声响,就是表针一格一格的移动,就是上班族匆匆的脚步,就是自己脉搏一下一下的跳动……对于出家人来说,时间就是木鱼一声一声的敲击,就是香一点一点的燃烧……

然而,这些描述都不够全面,比如,若把太阳的相对运动定义为时间,那么,在夜晚、在矿井、在地铁,难道就没有时间了吗?实际上,时间是物质运动的持续性,这种定义是最全面、最确切的。例如,表针就是物质,移动就是运动,一格一格地就是持续性。

实际上,物理学与哲学是密切相关的。尤其是在探讨一些基本问题时,表现更为明显。阅读一些有关哲学书籍,弄清楚一些哲

第1章 引　子

学思想，对于一个做物理研究，尤其是做基础物理研究的人来说，是有益处的。当然，也不可以带着这些的框框硬往物理现实上套。总之，不回避哲学，又不沉溺于哲学，这恐怕是物理学者明智的选择。

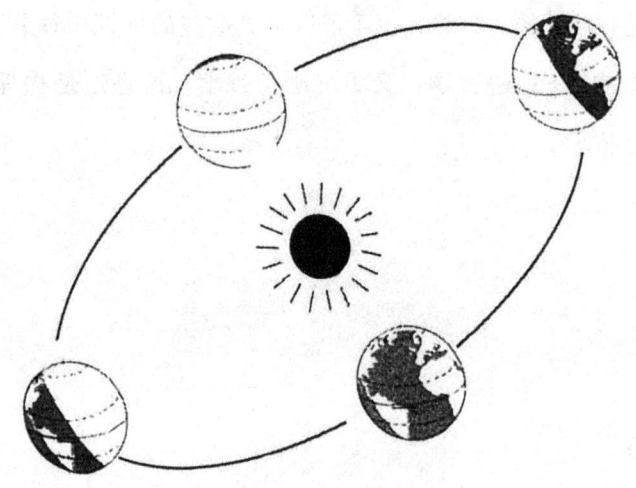

第 2 章
物理学基础

2.1 物理学的对象

物理学是研究各种物质形态的各种运动以及相互变化和规律的学科。当然，它并不包括所有运动形式。例如，各种分子之间的变化属于化学研究的对象；有生命的大分子之间的变化属于生物学研究的对象……

那么，什么是物质呢？物质是人们对客观世界上存在的一切的统称。物质的最根本的属性就是客观存在，不依赖人们的主观意愿。例如，人们的生活用品，书本纸笔、衣裤鞋帽、桌椅床柜……各种食物，鸡鸭鱼肉、瓜果蔬菜……各种工具……自然界中的花草树木、

第 2 章 物理学基础

飞禽走兽……小的，如需要显微镜观察的细菌……大的，如整个地球、太阳、星系……所有这一切，都是客观存在，不是任何人想它有它就有，想它无它便无。这些都是物质。精神与物质不同，它不是客观存在。例如，有些人相信鬼、神、仙、佛……其根本特性是，不能查证与测量。"佛在心中"。

在日常生活中，人们以为看得见摸得着的东西就是客观存在的物质。在科学上，物质的存在是要靠观察和测量来确认的。并且，某种物质形态的存在，不是个别人的偶然观察就可以确定的。例如，许多基本粒子的发现，新的动植物品种的发现，新的小行星的发现，新的恒星、星云的发现……都是经历了发现者首次观察，再有许多科学家证实的过程。也就是说，对物质存在的观察应该是可以重复和验证的。

海市蜃楼是一些人见到过的。人们在其中看到的亭台楼阁确实是存在的，只不过它们并不存在于人们似乎看到的半空中，而是存在于陆地上。人们看到的是特殊条件下光折射的影像（图 2.1）。类似的，峨眉山上的佛光也是一种光线折射造成的现象……都是客观物质参与的运动过程。只不过，由于条件特殊，它们表现出来的现象与一般的不同，需要运用科学知识认真地分析探索。

物质是客观存在的，它就是不能产生和消灭的。作为物质的某种形式，它可能被消灭，比如，木柴在燃烧中被消耗了；但是，同时会有另一些物质被产生，木柴燃烧时发出了光和热，产生了二氧化碳气体和灰。物理学中，质量就是物质的量。[我们可以在许多教科书中看到这样的定义，例如，E. M. Rogers, Matter, Motion and force, Physics for the Inquiring Mind, 罗杰斯著（华新民，庄真译）

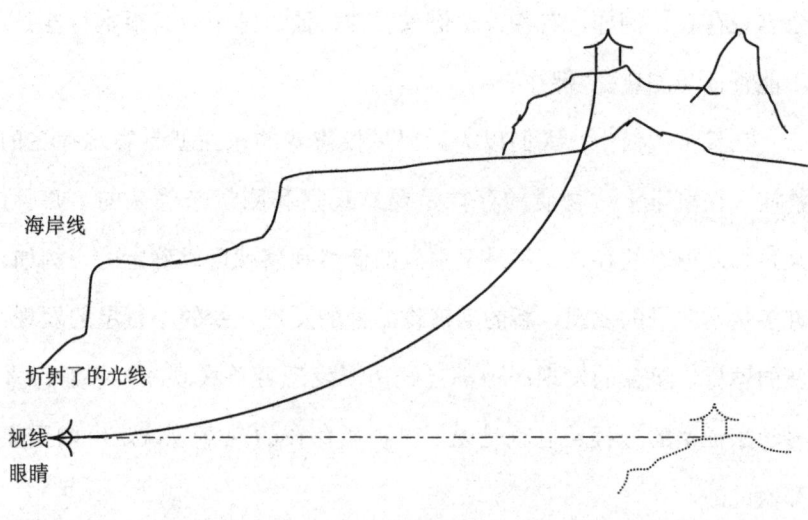

图 2.1 海市蜃楼是特殊情况下光线折射形成的影像

物质、运动和力,探求者物理学Ⅰ,科学出版社,1984:27。J. B. Marion, Physics in the Modern World,马龙著(潘缉穆,信义译),现代世界中的物理学,科学出版社,1988:11。]

  质量守恒定律就是物质不生不灭的定量描述。这是最基本的科学规律,是千百年来无数探求的人们和科学家奋斗的结晶。

2.2 物质运动 时间和空间

  我们看到,马儿在跑,羊儿在跳,鱼儿在游,鸟儿在飞翔,汽车、火车在奔驰……实际上,一切物质都在运动。这里所说的运动是广义的,既包含了一般的位置移动,又包含了生物变化和化学变化；既包含眼睛可以看见的明显的运动（如上面所举的例子），又包含眼睛看不见、需要借助于科学仪器才能发现的微小或遥远的运动。塑料的老化、细菌的活动等属于微小的变化；遥远星系的运动是后一类例子。

物质的运动是绝对的，物质的静止是相对的。奔驰着的火车车厢中，茶杯静止，是相对车厢和坐着的乘客而言的。相对路基、大树和大地而言，茶杯是运动的。坐在草地上的牧童是静止的，但是，他却随着地球自转而每天运动 40 000 公里。这就是毛泽东主席在他著名的诗词"送瘟神"中"坐地日行八万里"（图 2.2）一句的科学根据。没有不运动的物质。

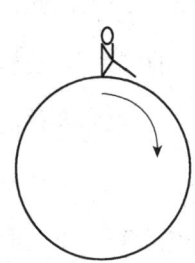

图 2.2 "坐地日行八万里"

物质运动不仅是绝对的,而且是永恒的。有物质就有运动。或者说,有存在就有运动。在物理学中,能量是物质运动的定量描述。能量守恒定律就是物质运动的永恒性、不灭性的科学根据。

各种物体有一定大小,玻璃球直径 1 厘米多,垒球直径约 10 厘米,足球直径约 20 厘米,地球直径约 6400 千米……这些例子表明,物质具有广延性。

物质运动时,位置发生变化。如北京市 1 路公共汽车从西向东行驶,经过军事博物馆、木樨地、复兴门……站与站之间有一定距离。

上述物质和运动的广延性便定义为空间。

空间是有方向的。人们都知道,向左与向右不同。如果目的地在前方,而你却向后走,则叫"背道而驰",结果只能是,越走离目标越远。不过,无论向哪个方向的运动都是允许的,或者说,都是可能发生的。

为了比较,人们采用了种种度量空间的方法。中国古代有"步"、各种"尺"。前者是成人走一步的距离(图 2.3),反映了物质位置移动;后者是一定长度的木条或竹条,反映了物质的广延性。外国有"码"、"尺"……后来,有了国际统一的"米"。近代,确立了国际计量长度单位:1 米是真空中光在 1/299 792 458 秒的时间间隔内行进的距离长度。

物质除了在空间中运动之外,还在时间中运动。如上面所举北京 1 路公共汽车的例子中,汽车依次经过各站的一系列运动状态的这种持续性便定义为时间。由于一切物质都是运动的,因此可以由任何物质的运动来度量时间。借助于一根直立棍子的影子的长短和

方位可以度量时间,由直接观看到的太阳高度和方位也可以度量时间。用"一柱香"或"一袋烟"来表示时间在我国古代民间是常用的,古代还有沙漏等计时器具。随着科学的进步,人们逐渐有了机械钟表,近代又有了石英表,以及作为时间计量基准的铯原子钟。

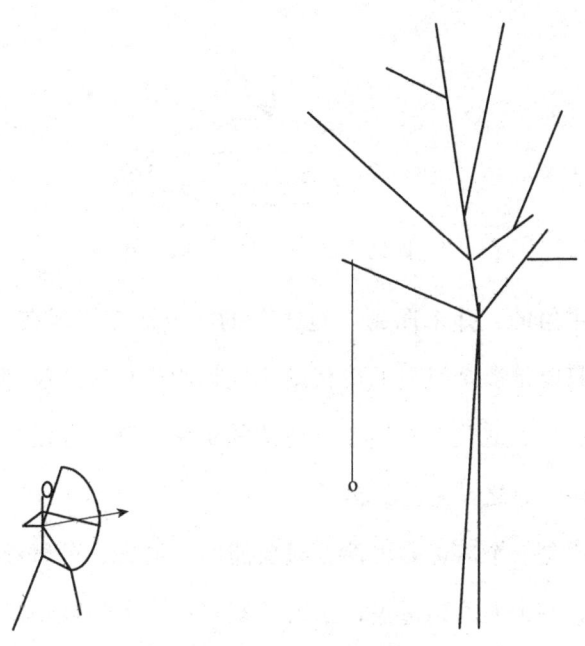

图 2.3 "步"与"百步穿杨"

时间也是有方向性的。并且,它与空间的根本区别是它的不可逆性。即,时间只能"前进",不能"后退"。只能由"现在"到"将来",不能回到"过去"。硬要回到"过去",就会违反因果规律,就会出现各种混乱。例如,如果像科学幻想动画片中描写的那样,能回到"过去",回到史前时代。那么,一旦发生了下述事件,应该怎样理解?即,回到史前时代的主角有意或无意地使当时的某个年幼的猿人死掉了(图 2.4),而这个猿人恰巧是故事主角的祖先。是不是主角应该在其祖先死掉的当时也消失?连尸体也突然消失?不

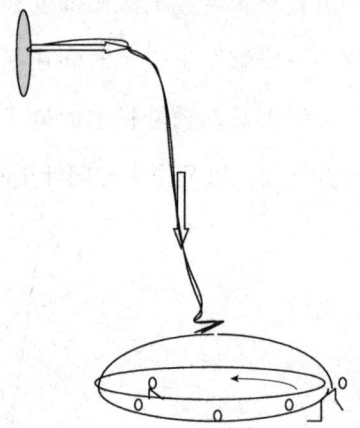

图 2.4 回到"过去"撞死了自己的祖先

仅如此,主角的、并未回到"过去"的、生活在"现在"的父亲、祖父……只要是那个祖先的后代就都应该消失!这还没完,这些人的配偶该有什么变化?他们参与建造的房屋、桥梁等建筑物该怎样变化?等等。总之,完全乱套了。

这并不是一个离奇的可能。只要能回到过去。更离奇的可能很多。例如,一个人回到过去,杀死了刘邦;一个物理爱好者回到纳粹治下,帮助当局先于美国制造了原子弹;……

还可以设想一个浪漫的故事。一个英俊少年回到"过去",邂逅了一个美丽的少女。两个人一见钟情……美满生活在一起。但是,这样一来,还会有故事的主角吗?那个"过去"的少女很可能是主角的多少代的祖母。让我们来估算一下其概率。一个人的父母是两个人,祖父母有四个人,或者说,他的第二代祖先有 2^2 个人……以此类推,他的第 n 代祖先有 2^n 个人。如果一代按 20 年计算,那么,一个人在 1000 年前就应该 2^{50} 个 50 代祖先。而

$$2^{50}=2^{10\times 5}=(2^{10})^5=1024^5=(10^3)^5=10^{15}=10^7 亿$$

一千万亿！是现在全世界的总人数的十万多倍。这就是说，一个人如果回到 1000 年前，那么，他遇到的每一个人都是他的祖先！

上面的估计没有考虑到可能发生重复。不过，考虑到重复之后，回到 1000 年前遇到自己祖先的概率也是非常大的。如果他改变了其中任何一个人的生活进程，就都会使他自己不复存在。这是因为，一个人是由一个卵子与一个精子结合以后逐渐长成的。而每一次射精会有约一亿个精子。可见，一个人的出世是多么偶然。外部环境和父母身体与精神状况的微小变化都会使他的出世成为不可能。

由此可以看出，长时间的因果积累会有多么大的影响。

即使不和人交往，回到"过去"，总要吃，吃掉一只鸡、一条鱼，也会对多少年后的"现在"发生影响。甚至，即使不吃不喝，只要是回到"过去"，出现在"过去"，总要占据一块空间，要呼吸，要观察……这也必然会改变某些事件原来的进程，会对多少年后的"现在"产生无法估计的影响，出现无法调和的矛盾。只要是回到"过去"，就会在"过去"加进去一些原本不存在的"因"，就必然会产生一些原本不存在的"果"。这些"果"即使不存在矛盾，也不会被观察到。因为它们根本就不存在。所以，回到"过去"，与因果律矛盾，是绝对不会发生的。

2.3 质量 质量守恒

质量就定义为物质的量，也就是物质的多少。

物质有许多不同的形态，固态、液态、气态、等离子态等。同是固态，一样大小的铁块和木块的质量也不同。为了比较不同物质的量，人们需要利用一切物质都具备的基本性质。这种物质内在的、

固有的、可用以定量度量的性质有二，一是惯性，二是引力。

在没有任何外界的作用下，一切物体均具有保持其相对静止或直线运动状态的性质。这就是物质的惯性。垒球或铅球出手后，仍然会向前飞；疾驶的公共汽车突然转弯时，站在车内的乘客会倒向反方向；等等，这类体现物质惯性的例子在生活中会时常碰到。描述物质惯性的物理规律叫惯性定律，又叫牛顿第一定律。仅有惯性定律还无法定量度量物质的量。下述牛顿第二定律可以解决这个问题：一个物体的加速度 a 正比于施加在该物体上的合外力 F。用公式表达为 $F=ma$。

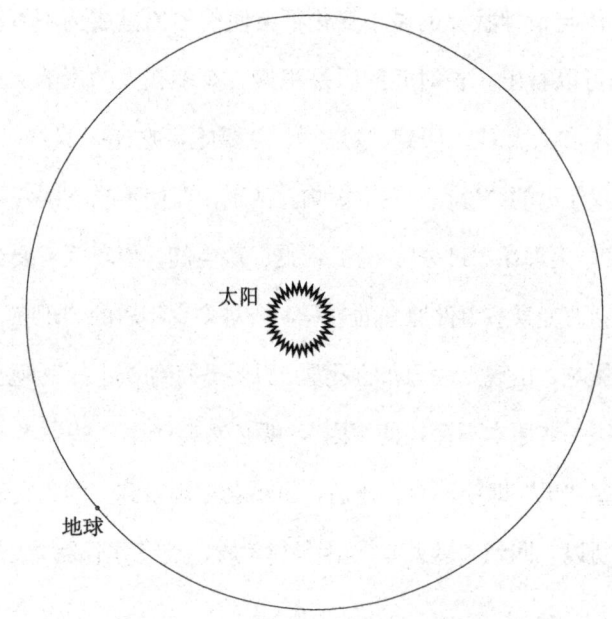

图 2.5　太阳通过引力拉着地球旋转

其比例常数 m 就是该物体质量的定量度量。

卫星常年围绕地球旋转，为什么掉不下来？地球为什么能围绕太阳旋转？用一条细线拴住一块石头，使石头以手为中心旋转。一旦细线断了，石头会飞出去。这说明，细线提供了石头做圆周运动的力。

那么，是什么提供了卫星或地球做圆周运动的力呢？答案是，引力。牛顿万有引力定律告诉我们：任何两个物体均相互吸引，引力方向在两个物体的连线上，向着对方；其大小 F 正比于两个物体质量的乘积 m_1m_2，反比于两个物体之间距离 r 的平方：$F=Gm_1m_2/r^2$，式中的 G 为万有引力常量，其值可以从许多书（例如，沈乃澂编译，1986年基本物理常数国际推荐值，科学出版社，1987）中查到：$G=6.6720\times10^{-11}$ 牛顿·米^2·千克$^{-2}$。

人们用的天平就是利用地球对物体的吸引力来对物体的质量进行定量度量的。

物质的各种形态可以相互转化。冰可以融化成水，水可能蒸发成水蒸气；木块或煤可能燃烧变成二氧化碳和灰；小苗吸收阳光、水和养分逐渐长成大植株；鸡蛋可能孵化成小鸡，动物可能死亡……但是，物质的量不变。这就是质量守恒定律：在任何过程（或反应）的前后，参与过程的物质总量保持不变。

2.4 功、能、能量守恒

当我们推一车煤，或扛一袋粮食时，都要用力。把这些生活用品弄到家里，我们便做了功。物理上，某个力 F 作用于某个物体，并且该物体在 F 的方向上运动了 l 远，这个力做的功 W 便定义为 F 与 l 之积 $W=Fl$。

力可以做功，运动的物体也能做功。例如，空气这样轻的物质，大量快速运动起来就形成了风，风推动风车便会做功。具有做功的能力叫能。像风这样的能叫动能。

水电站水库中的水从高处落下，冲到水轮机上时，具有相当大

的动能,从而做功,进而发电。当水在高处未下落时,处于相对静止状态,但是,它下落后便能做功,所以,位于高处未下落的水也具有能量,这种能量叫做势能。此例中所涉及的势能与引力有关,叫引力势能。

外力对物体做的功等于物体的能量增加;物体对外界做功(如上面所举的风和水的例子)等于物体的能量减少。这就是功能定理。

通过计算可以得到,两个质量分别为 m_1 和 m_2 的物体相互距离 r 时的势能 $U(r)=-Gm_1m_2/r$。两个物体在引力作用下运动,其速度要增加。按照功能定理,其动能的增加量也应该等于引力做的功。如果两个物体先相对静止,即它们的动能为零。那么,在相距 r 时,它们的动能(根据功能定理)应该为 $K=Gm_1m_2/r$。也就是说,在相距无穷远时,它们的势能与动能之和(统称为机械能)为零。在相距 r 时,它们的机械能 $K+U=0$ 仍然为零。这是能量守恒定律在这个简单例子中的体现。

物理上常用系统这个名词来表示由几个或多个粒子(或物体)组成的总体。孤立系统是与外界无任何联系的系统,既无能量交换,又无质量交换,也无力的作用。

能量守恒定律说,任何孤立系统的能量保持不变。

可以将上节叙述过的质量守恒定律换一种说法:任何孤立系统的质量保持不变。

2.5 质能关系

从上节的叙述可以看出,物质的质量与能量应该有密切的关系。爱因斯坦的狭义相对论揭示了这种关系 $E=mc^2$,其中 E 是某个物体或某个系统在某一时刻的能量,m 是相应物体或系统在同一时刻的质量，c 是光速，其值为 c＝2.997 924 58×10⁸米/秒。

有了爱因斯坦的质能关系，我们就可以对物质和运动、质量和能量进行更深入的讨论。

(1) 质量是物质的量，能量是运动的量。正如物质与运动密不可分一样，质量与能量也密不可分。没有无物质的运动，也没有不运动的物质。质能关系正是这一哲学论述的科学根据。由于能量 E 和质量 m 之间存在着这一普遍关系，其中任何一个为零，另一个也必然为零。

(2) 物质有许多种形态，表现在质量上，有两种相当不同的形式。一曰静质量，具有静质量的物体可以处于相对静止的状态。就目前所知，除了光子之外，几乎所有物质均有静质量。二曰动质量。顾名思义，这是运动带来的质量。例如，电子的静质量只有 $m_e=$ 9.109 534×10⁻³¹千克。而北京加速器中运动电子的质量可以达到 m_e 的 2000 倍。不过，这是一种特殊情况，在日常生活中，运动物体的动质量比它的静质量小得多。

更特殊的是，光子的静质量为零。也就是说，光子不可能处于相对静止的状态。它静不下来。硬要它静下来，它便消失了（图 2.6）。

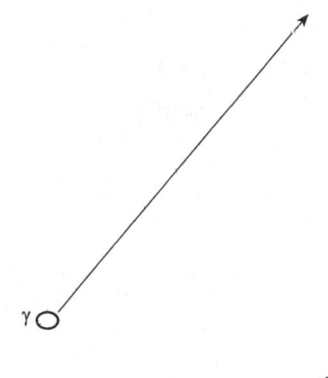

图 2.6　光子静不下来

动质量与静质量看起来很不相同,但是,它们在本质上没有差别。首先,它们都表示了物质的量。不能说静质量为零的光子不是物质,不存在。其次,它们都意味着引力和惯性。具有静质量的物体具有引力和惯性就不用叙述了。问题在于没有静质量的光子。光子具有引力,这一点可以通过所谓"光线的引力弯曲"的天文观测而得到证实。这种观测一般在日全食时进行。这时可以观测到原本会被太阳挡住的星星的光。如果该星星的光仍走直线,我们就看不见它了。但是,当光线经过太阳附近时,它被太阳的引力吸引,改变了传播方向,我们就看见它了(图2.7)。

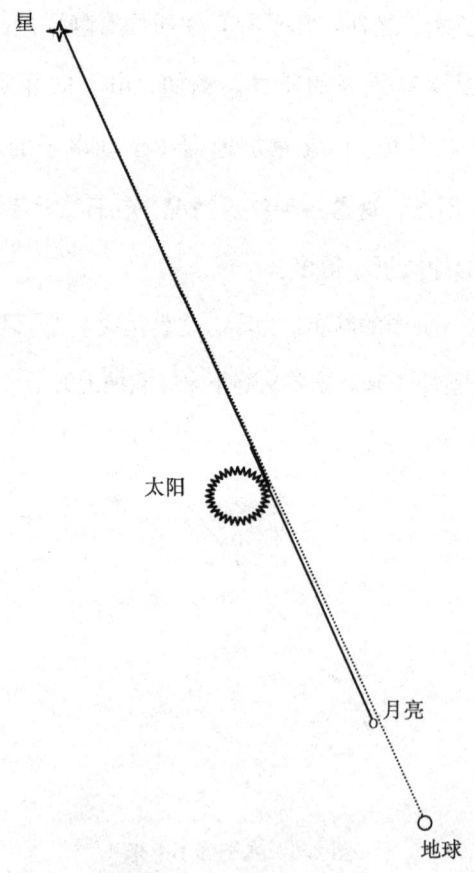

图 2.7　光线的引力弯曲

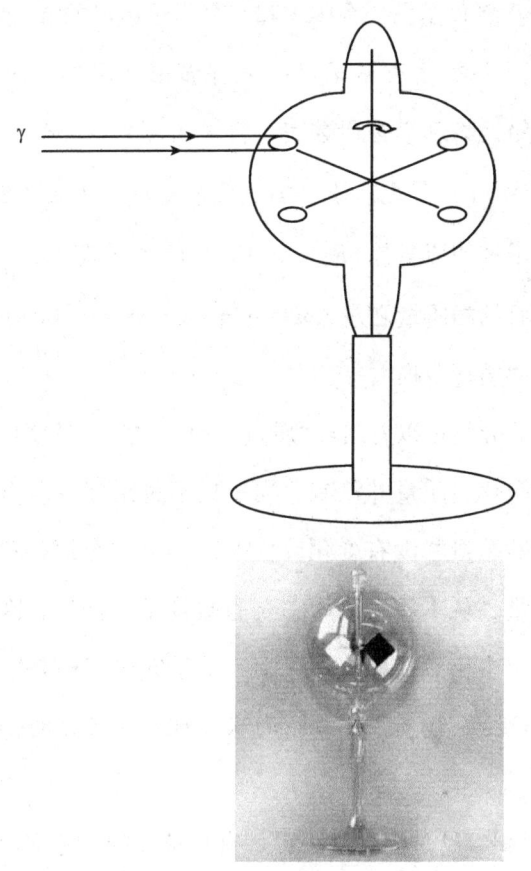

图 2.8 光压实验

光子具有惯性。这一点可以通过光压实验来证实。一个非常灵巧的、类似风向计的转论装在真空玻璃泡内（图 2.8）。当没有光照射时，它不动；当用光照射一侧转论时，它就会转起来，并且越转越快。这说明，光子具有惯性，它们一个个撞到转论上，推动了后者。

（3）关于"质量亏损"。我们知道，原子核是由质子和中子（统称核子）组成的。当核子组成原子核时，核子的静质量除了转化为原子核的静质量之外，还有一部分转化为光子的动质量而释放出来。

例如，氘原子核 D 是由一个中子和一个质子组成的 n+p=D+γ。中子的静质量这一类物理常量可以从许多书［例如，饭田修一等著（曲长芝等译），物理学常用数表，科学出版社，1987］查出：m_n=1.674 954 3×10^{-27}千克；质子的静质量是m_p=1.672 648 5×10^{-27}千克；氘原子核的质量是 m_D=3.3436×10^{-27}千克。

反应前后的静质量之差 $\Delta m = m_n + m_p - m_D$ =0.004 002 8×10^{-27}千克就叫做"质量亏损"。

从上面的介绍可以看出，"质量亏损"这种说法实质上是静质量亏损的一种简化。质量并没有亏损，只不过是部分静质量转化为动质量。质量的总量并没有变化。从上一小节的介绍，我们知道，动质量也是质量。从本质上讲，它与静质量是一样的。因此，质量守恒定律在反应中仍然成立。实际上，质量守恒定律是宇宙间最基本最普遍的规律。在物质世界中，尚未发现它在什么时候、什么地方不能成立。

"质量亏损"这种简化叫法还是有其意义的。它突出了这类反应所释放的巨大动能。不像贮藏在静质量中的静能量，这种以光子形式出现的能量比较容易被人们利用，是人类未来的主要能源。实际上，人类过去、现在、将来，甚至整个地球所有生命赖以生存的源泉都是这类反应产生的太阳光。

所以，$E=mc^2$只是建立了质量和能量的定量关系。不能由此而说质量可以转化成能量。还有一个例子可以用来更清楚地讨论这个话题，那就是，在北京正负电子对撞机中经常发生的、正负电子湮没反应 $e^- + e^+ = 2\gamma$。

反应前正负电子的静质量 $2m_e$ 完全转化为反应后两个 γ 光子的

动质量了（图2.9）。

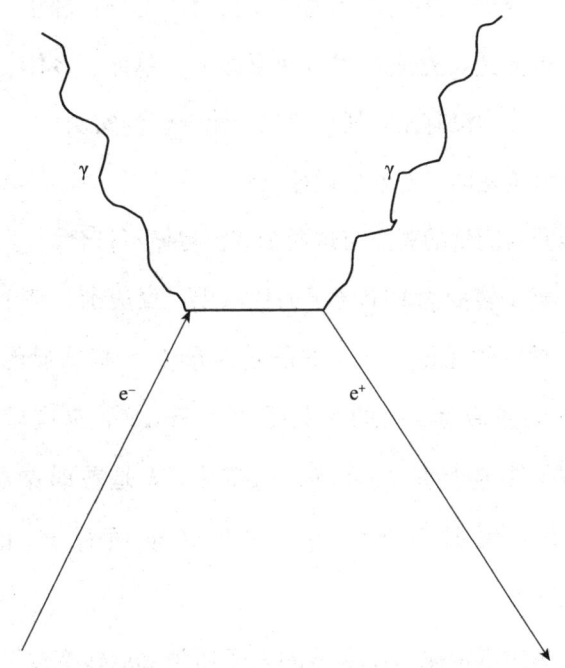

图2.9 正负电子湮没为两个光子

如果说，这是正负电子的质量转化成了光子的能量，那么，我们可以问两个问题。

(1) 反应后有没有物质产生？

(2) 反应产物有没有质量？

显然，反应产生的光子是客观存在，是一种物质。根据它有惯性和引力，它有质量。

为了讨论方便，我们假设电子和反电子都是静止的。也就是说，它们没有动能。光子有质量，正负电子的质量便没有消失、没有转变为光子的能量，而是转变成了光子的质量。

因此，质量转变为能量的观点与观测及实验结果不符合。

能量守恒是物质世界最普遍的规律。在各种领域，例如，按尺度分：微观、介观、宏观、宇观；按运动速度分：静止、低速、音速、高速、近光速、光速；按运动形态分：单体、多体、系统、系综、生命；……均没有发现任何违反能量守恒的实例！

质量守恒也是同样普遍的规律。

质量转变为能量的观点与这两个守恒定律不符合。

在正负电子转变为两个光子的反应中，反应前，整个系统就是正负电子，系统的能量是电子的静止能量 E_e。根据质能关系，E_e 与两个电子的静质量 $2m_e$ 的关系是 $E_e = 2m_e c^2$。反应后，系统只有两个光子，其能量是 $E_\gamma = 2h\nu$，（其中，h 是普朗克常量，ν 是光子的频率）根据质能关系，它与光子质量 m_γ 的关系是 $E_\gamma = 2m_\gamma c^2$。

根据质量守恒定律，反应前的电子质量 $2m_e$ 转变成了反应后的光子质量 $2m_\gamma$。

根据能量守恒定律，反应前的电子能量 E_e 转变成了反映后的光子能量 E_γ。

上述分析中，我们假设了反应前正负电子都是静止的。实际上，在正负电子都是运动的情况下，分析是类似的。只不过词句要多用一些，稍微麻烦一些。

更基本的，质量是物质的量，能量是物质运动的量。质能关系深刻地揭示了物质与运动之不可分。没有不运动（$E=0$）的物质（$m>0$）；也没有无物质（$m=0$）的运动（$E>0$）。

质量转化为能量，就是说，物质转化为运动。其基本概念是混乱的。

不能因为能量与质量的密切关系而把它们混为一谈。更不能把运动与物质混为一谈。前者，物理上质量与能量的定义及度量方法都十分清楚，应该不难区分它们。在哲学上，物质是最基本的概念，运动只能是从属于物质的。说到运动，就无法回避"谁（或什么）运动？"这样的问题。而说到物质，类似的问题是，"他（或它）怎样运动？"物质与运动的主从地位是十分清楚的。

总之，质量转化为能量的观点是不科学的。

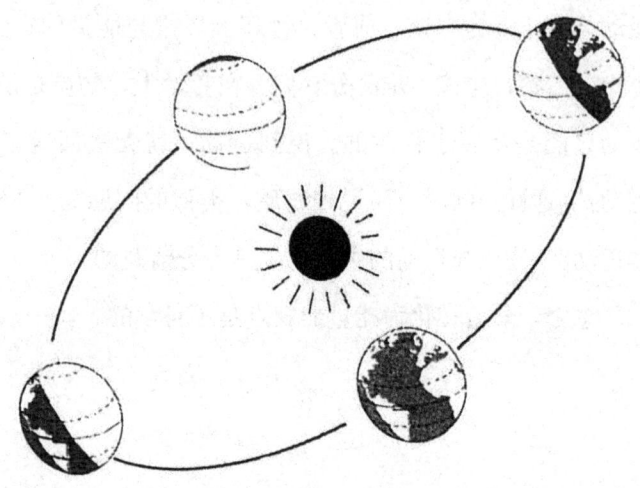

第 3 章

膨胀的宇宙

通过观测，人们已经知道，我们所看到的宇宙目前正在膨胀着。本章简要介绍有关的知识和事实。

3.1 距离的测量

在地球上，测量两地之间的距离，办法很多，可以测量得很准。例如，用米尺测量房间的长和宽……测量海洋的深度，可以在船上向海底发生声波，再记录声波往返所用的时间，从而计算出深度；测量月亮到地球的距离，可以把激光发射到月亮，测量它往返所用的时间……在天文观测中，一般所要测量距离的天体大都是目前无法到达的。所以，测量方法与日常了解的不大相同。以下简要介绍之。

3.1.1 三角测距法

在地球上，对于楼房、塔等建筑物，以及看得见的山，人们用三角形法可以测量其高度。如图 3.1 所示，只要测量了仰角 α 和 β 以及距离 AB，就可以利用三角形的知识算出山的高。

实际上，设山高为 h，OA 长 x，OB 长 $x+l$，AB 为 l。由三角函数，我们可以得到

$$h = l\tan\beta / (1+\tan\alpha\tan\beta)$$

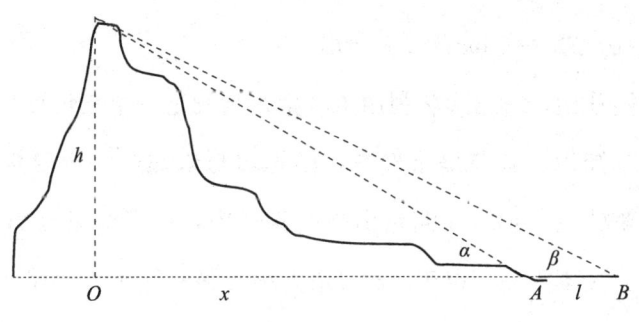

图 3.1 三角形法测量山的高度

类似地，测量恒星距离的一个办法如图 3.2 所示。地球在轨道的 A 点时测量恒星光与太阳光方向的夹角 α，再于半年后的 B 点时测量夹角 β。那么，根据这两个角和地球在这两个时间所处位置的 AB，就可以相当精确地得到恒星的距离了。由于这个距离取决于半年间恒星视角 α 和 β 之差，所以，这个方法又叫周年视差（或日心

视差）法。这种名称，我们可以在一些书中看到，例如，S.J. 英格利斯（李致森等译）的《行星恒星星系》（科学出版社，1979：257）。

这时的算法与上面的略有不同。用 l 来表示 AB 的长。由三角形任何一个外角均等于两个不相邻之内角的和，我们得 $\gamma=\alpha-\beta$；再根据正弦定理，就得到了恒星距离

$$x = l\sin\beta/\sin(\alpha-\beta)$$

或许有人会问，图 3.2 中恒星的距离为什么不是 y？这主要是恒星距离太远了。我们知道，光从太阳到地球所用时间是 8 分钟。也就是说，l 为 16 光分。而最近的恒星离我们也有 4 光年。二者相差三万倍。如果说，x 为 4 光年，那么，y 就是 4.0001 光年。x 和 y 的这种差别常常可以忽略。实际上，到了这个差别必须考虑的时候，y 也不难直接求出来。还是借助于正弦定理，便得到 $y=l\sin(\pi-\alpha)/\sin(\alpha-\beta) = l\sin\alpha/\sin(\alpha-\beta)$。

我们看到，三角形法利用了"角边角确定一个三角形"的初等数学基本知识。其前提条件是，已知边与未知边一定要构成一个可以分辨的三角形。在测量山高的例子中，如果测量点 A 距离山太远，山又不太高，以于 α 和 β 角大小几乎都等于零，那么，山高就算不出来了。同样，如果恒星距离我们太远，以致于 α 和 β 角几乎没有差别，那么，三角测距法便无效了。从一些书中，[例如，I.S. 什克洛夫斯基著（黄磷等译），恒星的诞生、发展和死亡，科学出版社，1986：17]。我们可以了解到，三角测距法所能测量的最远距离为 300 光年。光年是天文学中常用的长度单位，1 光年 $= 9.4605 \times 10^{15}$ 米。

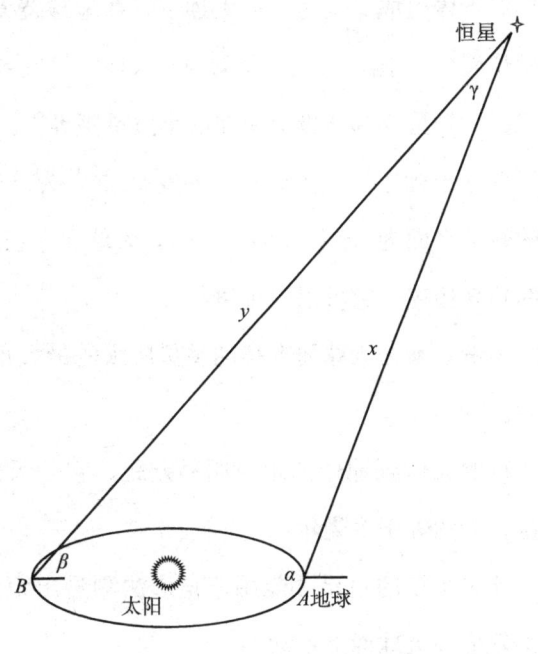

图 3.2 三角法测量恒星距离

3.1.2 其他方法

从三角形法我们可以看出，测量一个未知距离，需要借助于一个已知距离。我们可以把后者看成是前者的测量基准。当两个距离大小相差太远时，方法就失效了。所以，要想测量更远的距离，就应该寻找更大的已知距离。然而，地球绕太阳旋转轨道的直径是目前人们掌握的最大距离了。这也是目前三角形法的最大基准。

在实际的天文观测中，人们测量的不是上面所述的角，而是视角。

天空中有许多星星的相对位置看起来不发生变化，例如北斗七星。而有些星星则在那些不动的中间移动。那些看起来不动的星星好像是背景。我们可以叫它天球面。实际上，天球面是由所有距离超过 300 光年的天体组成。因为它们太远了，在地球绕太阳运转时，观测不到它们位置的变化。人们在天球面上划分了许多星座，例如北斗七星所在的大熊星座和北极星所在的小熊星座等等。

人们可以建立坐标系，例如，以北极星的方向为 z 轴，以地球绕太阳旋转的轨道平面为 xy 坐标面。于是，天球面上任何一点都可以用一组经纬角来描述。它可以叫视角。

在一年之中看起来在天球面上移动星星所张的最大角叫做岁差。其一半叫视差。

视差为一秒的天体到地球的距离叫秒差距。它是天体测量中常用的距离单位，大约等于 3 光年。

显然，岁差大于零的星星才能用三角形法测量出距离。岁差等于零的星星都好像在天球面上不动。

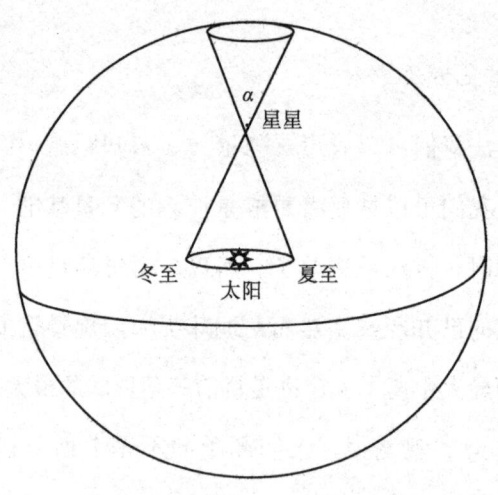

图 3.3　天球面

人们必须换一种方法，另找一种基准。

在晴朗的夜空，人们可以看到很多星星。在空气清洁、背景光

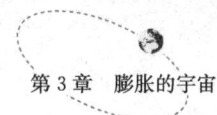

少的乡村或山野，可以用肉眼看到更多的星星。这些星星中，有些大，有些小，有些亮，有些暗。

科学上，星星的大小和亮度都是可以测量的。

星星的大小由它的直径在测量者处所张成的角度 α 来表示的（图 3.4）。显然，α 不仅与星星的大小有关，它还与星星到我们的距离有关。因此，α 叫做视角。越远的星星，α 越小。于是，比较同一类（同样大小）恒星的视角就可以确定它们的相对距离，再用已经掌握的方法测量出这一类恒星中距离较近者，便可以得到这一类恒星的距离了。

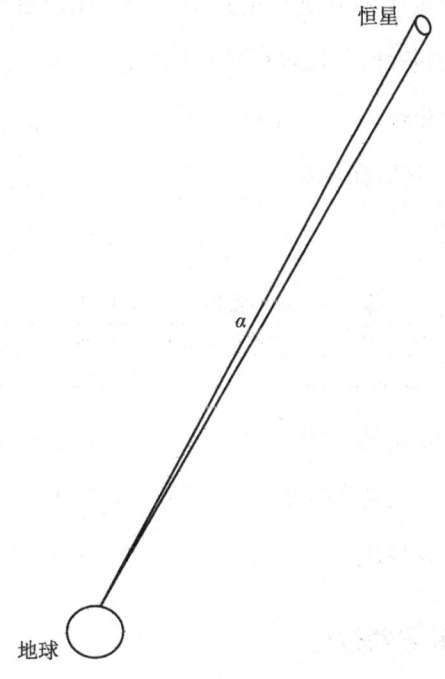

图 3.4 用角度表示恒星的大小

这就找到了一个新的基准。

然而，对于遥远的恒星，即使用高倍的天文望远镜，往往也只

能看见一个亮点。

恒星的亮度是用人们在单位时间内接收到它的光能量来度量的。恒星的亮度取决于它的种类和它到地球的距离。就像路灯一样，同样的灯泡，距离越近越亮；距离差不多时，瓦数大的灯泡亮。

有些种类的恒星的亮度是周期变化的。于是，人们便利用周期来区别它们。例如，有一种叫"造父"的恒星，人们已经发现了696个。这个信息，是在南京大学教授黄克谅、胡中为和陈载璋著的《天文学导论》（科学出版社，1983：456）上看到的。

这样，人们利用特定种类的恒星和它们的亮度确定它们的相对距离，再用已经掌握的方法测定其中一个（比较近的）的准确距离（这又是一个新的基准），便可以确定这些恒星的距离了。

就这样，一步步，一个台阶一个台阶地，人们已经可以测量相当遥远的天体（恒星和星系）的距离。表3.1是这些台阶（部分）的一个统计情况。

表 3.1　几种测量距离的方法[5]

方法（基准）	天琴座RR型星	经典造父变星	新星	超巨星	超新星
最大距离（10^6光年）	0.6	6	13	50	320

从遥远恒星发出的光中，除了可以得到它们的距离这种信息之外，人们还可以获得它们正在靠近或离开地球及其速度的信息。这需要利用光的波动性质。

3.2　波动与多普勒效应

向平静的水面投一粒小石子，水面就会泛起以投入点为中心的一环环逐渐扩大的波纹，这就是水波（图3.5）。人们还知道，我们之所以能够听到声音，是因为声波能借助于空气传播。

第 3 章 膨胀的宇宙

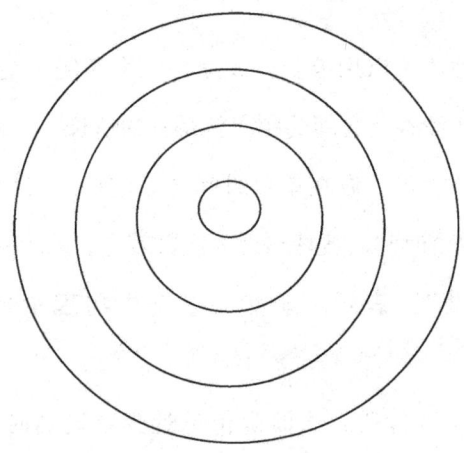

图 3.5 水波

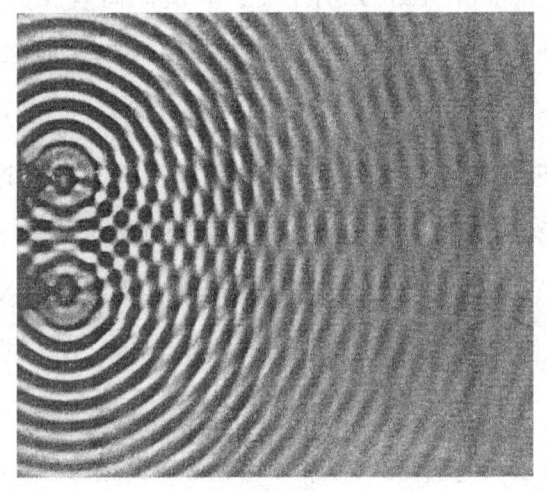

图 3.6 水波相干

波是物质的一种运动形式。它的最根本性质是干涉和衍射。

将两粒石子投向平静的水面，便会有两圈波各自向外扩展、相交。这就是水波的干涉（图 3.6）。在公园中游玩的母亲不见了自己的孩子，往往会大声呼喊，躲在山石或树丛后面的孩子能听到母亲的喊声。这是因为声波能够衍射，它会绕过障碍，所以，衍射又

035

叫绕射。

波的基本性质可以用波长、波速和频率来定量地描述。波的两个相邻波峰（或波谷）之间的距离就是它的波长，一般用希腊字母 λ（音"兰姆达"）表示。波在单位时间（如1秒）内传播的距离就是它的速度 v。单位时间内波峰出现的次数就是它的频率，一般用希腊字母 ν（音"拗"）表示。显然，这三个物理量之间有下述关系：$v=\nu\lambda$。

波有一个重要性质，当波源相对观察者运动时，会发生多普勒效应。这个名称是人们对该效应的发现者、奥地利科学家 C. Doppler（1803～1853）的纪念。当波源向着观察者运动时，观察到的波的频率会变大；当波源背离观察者而去时，观察到的波的频率会变小。我们都有这样的经验，坐火车时，迎面而来的火车的鸣叫声会在错车的瞬间由高变低（图3.7）。这就是多普勒效应。错车之前，迎面的火车头向着我们运动，声波的频率大（声调儿高）；错车之后，火车头背离我们而去，声波的频率小（声调儿低）。在错车的瞬间，这种变化发生了。给人留下深刻的印象。

通过图3.8，我们可以了解多普勒效应的道理。其中，上图表示，波源A不运动时，它发出的波到达观察者B要经过八个周期。下图表示，波源A运动情况下，当它发出的头一个波到达观察者B时，它已经运动C处。图上AC正好是原来波长的四倍。也就是说，原先（源不动）4个波长的距离内，现在（源运动）要"挤"下8个波。这样，它的波长便被"压"短了。而波速不变，于是，它的频率就变大了。

第 3 章 膨胀的宇宙

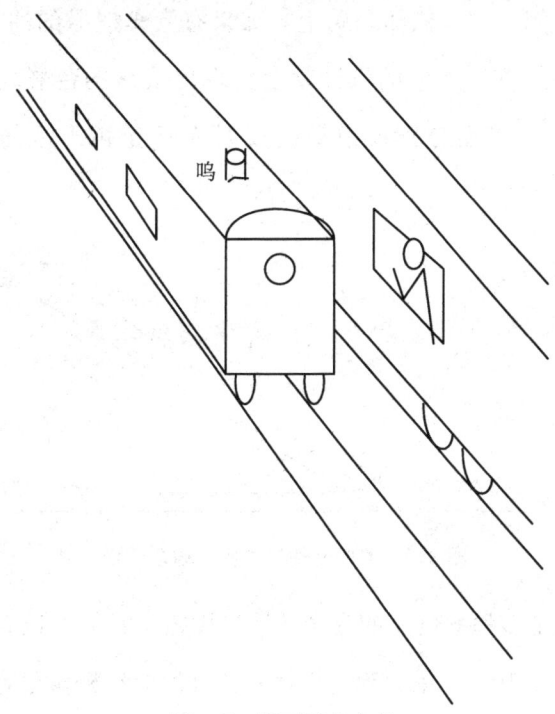

图 3.7 迎面开来火车

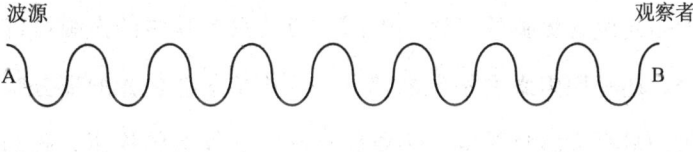

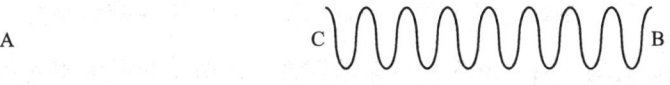

图 3.8 多普勒效应原理示意图

经过科学家深入研究，这种频率的变化与波源的运动速度有确定的关系。

3.3 光波与特征谱线

早在 17 世纪，科学家就弄清楚了，光是一种波。它会发生干涉和衍射。例如，在柏油马路上，如果有汽车遗撒的油迹，那么，在阳光的照射下，无色的汽油就会呈现出缤纷的色彩。这是太阳光经油层上下表面分别反射后的反射光又互相干涉的结果（图3.9）。

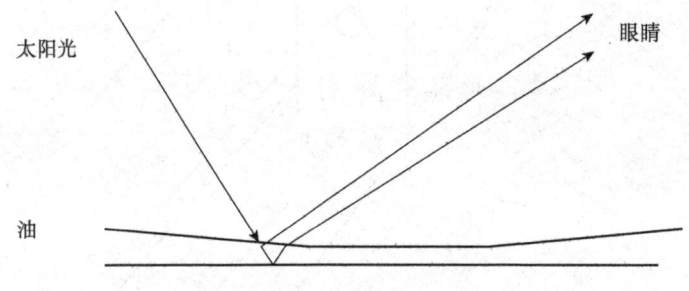

图3.9　太阳光通过油膜反射后干涉

太阳光是多种颜色光的混合。通过棱镜，我们可以看清楚这一点，参见图3.10。一束太阳光经过棱镜分散成红橙黄绿青蓝紫一片光。科学上把它叫做光谱。也就是说，太阳光具有连续光谱。实际上，太阳光包含更宽的光谱，上面所说的只是其中的人眼可以看见的部分。还有用肉眼看不见的部分。波长长于红色光的部分叫红外线。太阳晒得人暖烘烘的，主要就是其中红外线的作用。我国北方严冬过去后，在春天阳光明媚的日子里，人们往往晾晒被褥。这一方面可以去潮，另一方面可以杀菌消毒。杀菌主要是太阳光中波长短于紫色光的紫外线的作用。

显然，这种连续光谱的频率是连续的，即使变化了，也无从知晓，无法从中了解光源的运动。

科学家发现，单种元素发出的光的谱不是连续的，而是一条条分得很清楚的细细的线。称之为线状光谱。例如，我们在火焰上撒一点盐末，就可以看到明黄色的光。这就是盐中的钠离子所发出的黄色的光谱。每一种元素都有独特的一套线状光谱，叫做特征谱线。由于元素有这种特性，化学分析中发展了光谱分析方法。其原理是这样的：使要分析的物质发光；将记录下来的光谱与各种元素的特征谱线比对；从而找出该物质所含的各种元素。

太阳光中也含有这种谱线，不过不是亮线，而是暗线。这是由太阳光通过太阳表面气体而被其中各种元素粒子吸收了特征谱线所造成的。用图 3.10 所示方法看不到谱线，因为这个方法太粗糙了。换用细致一些的仪器（如分光镜），就可以看到太阳光中的吸收谱线了。科学家正是通过对太阳光进行光谱分析从而了解，太阳都含有什么元素。

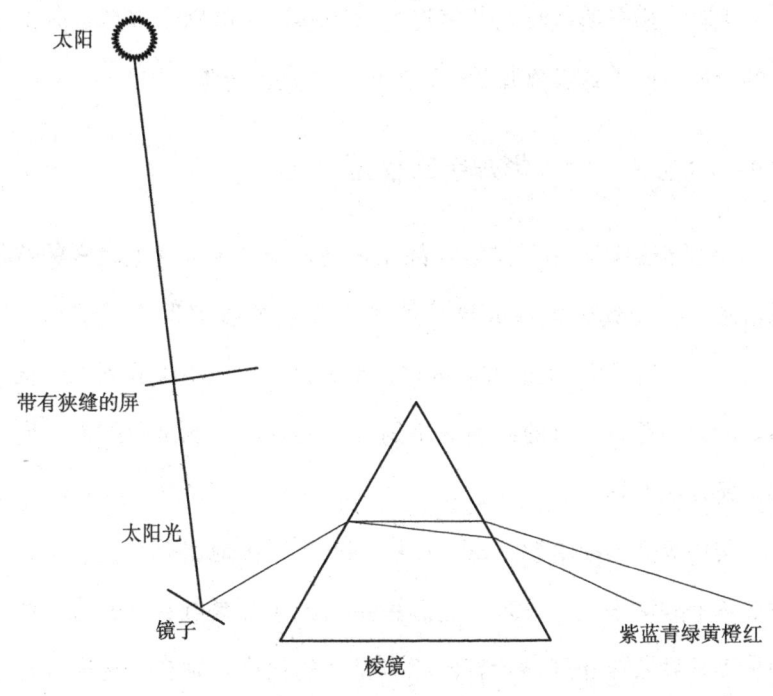

图 3.10　太阳光通过棱镜分解

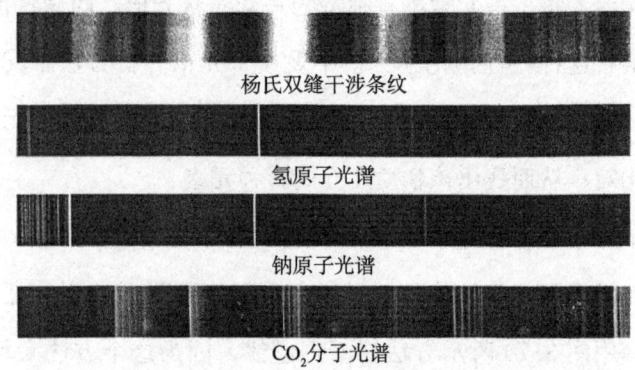

图 3.11 光谱线

恒星光与太阳光类似,也含有线状吸收光谱(图 3.11),它们也是由多种元素的特征光谱组成的。

现在,通过所接收到的恒星光谱频移,再借助于多普勒效应求它的径向(向着或者离开我们)速度,思路就清晰了。

3.4 哈勃关系和大爆炸宇宙模型

20 世纪初,许多天文学家都注意到,相对于地球上元素的特征光谱来说,遥远的恒星或星系所发出光谱的频率发生了偏移(图 3.12),有的向频率大的方向偏移,也就是(图 3.10)向蓝光方向偏移,所以叫蓝移;有的向频率小的方向偏移,也就是向红光方向偏移,所以叫红移。

美国天文学家哈勃(Edwin Hubble)系统地研究了诸多星系光谱频移的观测事实。发现,遥远星系的光谱都是红移,并且,如果根据多普勒效应和红移计算出相应星系的速度,则在其速度 v 远小于光速 c 的前提条件下,星系速度 v 与它到地球的距离 r 之间有正比关系 $v=Hr$,

其中的比例常量 H 就叫做哈勃常量。

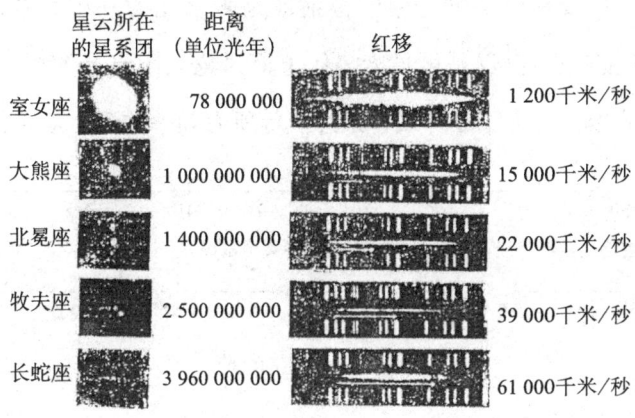

图 3.12　光谱频移

红移和距离之间的关系：图示为 5 个星系团中的亮星系和它们的光谱

这是一个极为重要的天文观测事实。或者说得确切一些，哈勃关系是诸多天文学家多年工作的许多观测事实的一个总结。这个观测事实揭示了宇宙的一个重要性质：它正在膨胀着！

各星系的情形有些像一颗爆炸了的炸弹的弹片，向四面八方飞去。这种类比使人们想到，目前众星系互相离开的速度源于很早以前的一场大爆炸。或者说，目前的宇宙来源于一个大爆炸。这就是大爆炸宇宙模型。

20 世纪 60 年代，另一项天文观测事实使多数科学家接受了大爆炸宇宙模型。这就是宇宙背景辐射。下面我们先从与之密切相关的黑体辐射说起。

3.5　黑体辐射

辐射是人们熟知的。冬春季太阳光辐射到身上，让人感到暖和舒服。夏天火热的太阳光辐射到身上，叫人难受。这里，辐射是表示光照的动词。人们又常常把它用做名词。也就是光的代名词。黑体辐射、背景辐射等词之中的辐射就是表示光的一种名词。当然，这里所说的光不仅仅是可见光，像上面讨论太阳光光谱时一样，它是广义的光，包含了红外线、紫外线等所有频率的光。参看图3.13。

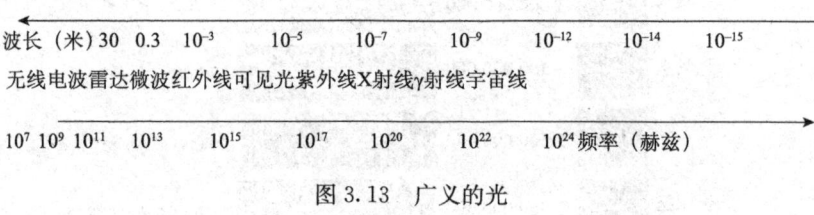

图3.13 广义的光

那么，黑体又是怎么一回事呢？怎么又黑又有光呢？事情是这样的。

人们研究光需要从各个角度来研究。例如，第二章介绍，光有引力，有惯性……这一章前面介绍，它具有波动性……这里介绍的是光处于热平衡状态时的性质。

首先解释几个名词。

状态就是指所研究的物质所处的实际状况。例如，一般家里烧水，壶里的水就处于加热状态；水开了，水就处于沸腾状态……热平衡状态简称平衡态，一般指所研究的状态的各部分达到热平衡。例如，晚上睡前洗脚时，要兑一些热水。刚把热水倒下去时，盆里有的地方热，有的地方凉，这就没有平衡。过一会儿，各处的水都一样热了，就达到了平衡态。平衡态最显著的标志就是处处温度相等。

现在，回到黑体辐射的主题来。大家知道，光子始终以光速运动。不可能装一盆光。于是，人们想了一个办法，搞一个空腔，完全密封，让光跑不出来，同时维持四壁处于同样温度。空腔内的光

(也就是辐射)自然具有同一温度，处于平衡态。因为这种辐射是完全密封的，所以称为黑体辐射。

为了研究黑体辐射的性质，还不能完全封闭，要留一个小孔(图3.14)。通过小孔，人们研究了黑体辐射的性质。发现，它有以下主要性质：

(1) 体积无关性。无论空腔的体积是大还是小，其中的黑体辐射的频率分布性质与之无关。这个性质也可以叫均匀性。处处性质相同，所以与体积无关。

(2) 黑体辐射的能量密度随频率的分布是非常规律的，这个规律叫普朗克分布：

$$\rho_\nu = 8\pi h \nu^3 / c^3 \ (e^{h\nu/kT} - 1)。$$

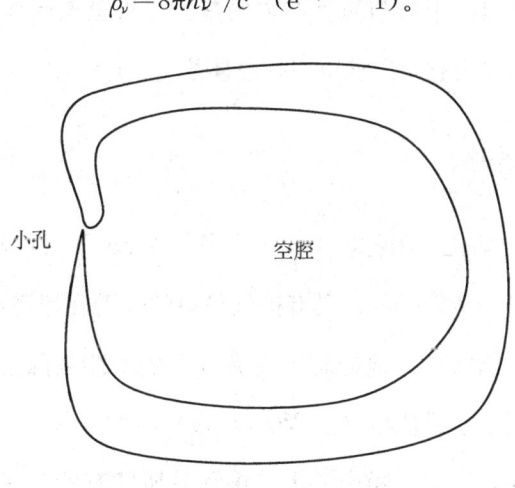

图3.14 黑体

这个公式可以在一些书中看到，例如，汤川秀树著(阎寒梅，张邦固译)，量子力学，科学出版社，1991：7。这样命名是为了纪念它的发现者、德国物理学家普朗克[Planck(1858~1947)]。公式中的ν是光的频率，h叫普朗克常量：$h = 6.626\,176 \times 10^{-34}$焦耳·

秒，c 是光速，k 叫玻尔兹曼常量：$k=1.380\,662\times10^{-23}$ 焦耳·K^{-1}。它的命名是对奥地利物理学家玻尔兹曼 [Boltzmann（1844～1960）] 的纪念，T 是用绝对温度度量的温度。这些常量的数值可以在一些书中查到，例如，饭田修一等著（曲长芝等译），物理学常用数表，科学出版社，1987。

因此，黑体辐射的能谱分布仅与其温度 T 有关。把一切频率的辐射都加（积分）起来 [具体做法可以参考钟云霄著，《热力学与统计物理学》，科学出版社，1988：225]，就会得到黑体辐射的能量密度 $\rho=8\pi^5 k^4 T^4/15c^3 h^3=\sigma T^4$。这就是辐射定律。又叫斯特潘-玻尔兹曼（Stefan-Boltzmann）定律。

显然，这是一个只与温度有关的量。如果求某黑体辐射的总能量 E，则只需要用它乘以该空腔的总体积 V：$E=\rho V$。

3.6 背景辐射

1964年，两位美国物理学家彭齐斯（Arno A. Penzias）和威尔逊（Robert W. Wilson）用具有极低噪声的仪器在银河系内观测时，发现了一种新的噪声。他们想了许多方法仍不能消除之 [详情参看著名美国物理学家温伯格（S. Weinberg）写的《最初三分钟》]。进而，他们发现，这种"噪声"不是银河系所特有的。在天空的任何方向，它无处不在。这些"噪声"是一些电磁辐射，或者说是光辐射。不分白天黑夜，不分春夏秋冬，它们都稳定地没有什么变化地存在着。

这个发现迅速引起了科学界的重视。许多科学家对此又做了更多、更细致、更精确地观测和研究。人们的多次观测进一步证实背

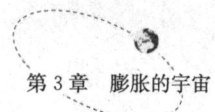

第3章 膨胀的宇宙

景辐射的两个基本性质。

(1) 其频率分布服从普朗克分布；其中的 T 是背景辐射的特征温度。

(2) 其空间分布具有高度各向同性。

在精度不断提高的测量过程中，人们发现，在朝着室女星座的方向上，背景辐射有大约 0.1% 的紫移，或者说，其特征温度约高 0.003K；而在相反的方向上有约同样大小的红移，或者说，其特征温度约低 0.003K。很自然，人们将它们归结于地球在背景辐射中的运动所造成的多普勒效应。由此可以算出地球相对背景辐射的速度。把地球相对太阳及太阳相对银河系中心的运动考虑进去，可以算出，银心正朝着室女星座方向以约 600 千米/秒的速度运动。关于这个数据，可以参考 C. 萨根著（周秋麟等译）《宇宙》（吉林人民出版社，1998：263）。

扣除了上述的多普勒效应所造成的各向异性以后，观测到的背景辐射的各向异性约为 10^{-6}［见 G. Sironi, et al, New Astronomy, 1998, 3：1］。

背景辐射的上述两个基本性质使人们相信，它是一种黑体辐射。

黑体辐射是人们熟悉的。早在本世纪初，人们就对它进行了研究。普朗克正是通过对黑体辐射深入研究，从而提出了量子的思想，揭开了现代物理学发展的序幕。

这些观测事实与大爆炸宇宙模型的理论推论完全一致。这样，相信大爆炸宇宙模型的科学家骤然增多了。现在，可以说，大多数科学家都相信这个理论。或者说，他们至少相信，观测事实（主要指星系退行和宇宙背景辐射）表明，我们的宇宙正处于膨胀之中，

很早很早以前，它来自一场大爆炸。

根据目前人们掌握的知识，可以把当初的大爆炸做一个大致的描述：大爆炸后，物质迅速向四面八方散开，宇宙温度随着下降；在温度降到 10^{13} K 之前，可以经常发生两个光子相互碰撞而产生正负质子对或正负中子对的反应；反过来，这些正负粒子对碰撞时又会相互湮没而生成一对光子，这时，光子和质子、中子等重子搅在一起，是典型的热平衡态，我们不妨叫它做宇宙浓汤；随着宇宙进一步膨胀，温度降到 10^{13} K 之下，两个光子已经不足以产生重子对了，但在 10^{10} K 之前，光子还与电子搅在一起，这时可以形象地叫它宇宙淡汤；当温度降到 10^{10} K 以下，光子已经不能与电子搅和了，这时可以叫它宇宙清汤，由于其中光子个数是其他粒子的 10^{10} 倍左右〔这个数据是美国物理学会组织 150 多物理学家所做的报告《90 年代物理学，引力、宇宙学和宇宙线物理学》（科学出版社，1994：85）叙述的〕。所以也可以叫它光子清汤；这光子清汤就是一种光子平衡态，随着宇宙的进一步膨胀，它的温度逐渐减少，发展到现在，就是我们观测到的背景辐射。

上述宇宙发展的过程，我们并没有直接看到。但是，我们观测到了这个过程的结果——背景辐射。就像有经验的侦探可以根据案发现场的情况判断案件的经过一样。科学家从背景辐射的性质（加上哈勃关系）就可以推断出大爆炸后的上述主要情节。

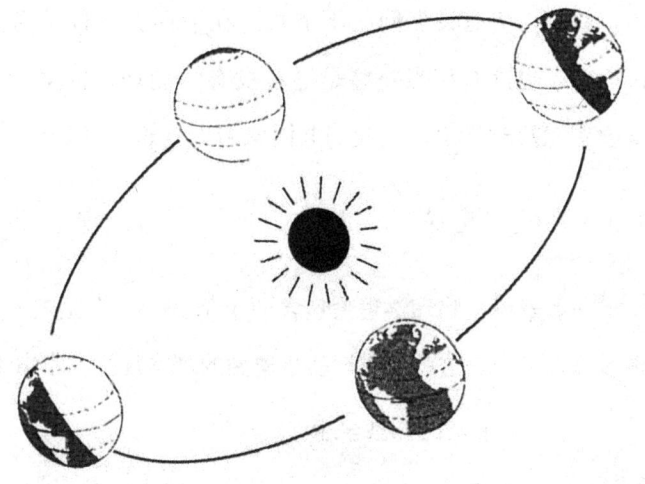

第 4 章

宇 宙 学

有了第三章介绍的实际观测结果以后，我们就可以叙述宇宙学了。除了头一节讨论牛顿宇宙论之外，本章要花大量篇幅介绍以宇宙学原理和广义相对论为基础的现代宇宙学标准模型。大家都知道，广义相对论是伟大物理学家 A. 爱因斯坦（Einstein）的成果。它所用到的数学手段和物理思想都极其深奥。我们这样一本简要介绍宇宙学的小册子是不可能概其全貌的。有兴趣的读者不妨读读有关的书籍。例如，爱因斯坦本人所著的《狭义与广义相对论浅说》（杨润殷译，上海科学技术出版社，1965）和《相对论的意义》（李灏译，科学出版社，1964），或者，P.G. 柏格曼著的《相对论引论》（周奇，郝苹译，人民教育出版社，1961）。实际上，笔者从开始学习广

义相对论以来，已经 40 余年了，这期间，断断续续一直没有放松学习，然而，仍有许多问题不清楚。在下面关于标准模型面临问题的讨论中，也许有相当一些是笔者没有学懂理论内涵所致。所以，希望读者能及时指出。让我们共同学习，一道提高。

4.1 牛顿宇宙论

一般来说，物理学理论包含两个部分，一个是关于所论物质的基本形态，一个是这些物质运动所遵循的基本规律。宇宙论也不例外。

4.1.1 牛顿的无限宇宙

牛顿认为，天空中众多恒星基本上是不动的（所以才叫"恒星"）。然而，一个均匀（这时的"均匀"实际上还是假定）的静态宇宙不可能是有限的。否则，它就会在万有引力作用下向自己的质心收缩，从而无法保持众多恒星静止不动。所以，宇宙应该是无限的，这样，任何一颗恒星都会被周围无限颗恒星拉住，处于不动状态。

简言之，牛顿关于宇宙基本形态的看法是无限均匀分布。

4.1.2 万有引力定律

关于万有引力定律，初中物理书中便有介绍。这里想顺便叙述有关矢量和坐标的一些知识。

我们从生活中知道，一些物理量，除了大小之外，还有方向。比如速度。要是本应该向北走，你却向南走，那么，即使车马再好，准备的粮草再多，也是达不到目的的。这是南辕北辙这句成语的含义。它也充分体现了矢量的方向的重要。

用矢量（黑体字）表示，万有引力定律就是 $\boldsymbol{F} = -G m_1 m_2 \boldsymbol{r}/r^3$。

人们在讨论和计算数学、物理问题时，往往要引进坐标。在初中课本上，就有直角坐标。这里只想强调，坐标只是人们的一种工具，并不是物质本身的固有性质。为了方便，人们可以用一种坐标（如直角坐标），也可以用另一种坐标（如极坐标），也可以不用坐标。

4.1.3 光度佯谬（又称奥伯斯佯谬）

时间无限，空间无限，物质均匀分布，就必然导致一个与现实明显不符合的结果。这就是，天空会处处并且永远是亮的。因为，无论在什么时候，无论向天空的什么方向望去，或近或远，总会望见恒星。也就是说，从地球上看去，整个天空会挤满了恒星。这就是"光度佯谬"。

不仅如此，牛顿的静态宇宙还与第三章所述的近代天文观测事实不一致。

4.2 广义相对论引力场方程

宇宙论标准模型是以爱因斯坦的广义相对论引力场方程为理论基础的。我们在这里简要介绍之。

广义相对论的数学基础是微分几何，从原则上来说，它不是必须用坐标的。但是，为了叙述更为形象易懂，常常引用坐标。请读者注意，这里所叙述的许多概念都不是严格的定义。

4.2.1 时空坐标

空间是三维的。爱因斯坦建立的狭义相对论是四维的，把空间和时间联系在一起，并且取得了极大成功。可以说，狭义相对论的推论无时不刻地被科学家的实验证实着。狭义相对论与量子力

学、电磁理论结合的产物——量子电动力学是人类发现的最完美的理论。它与实验的符合竟如此之好,已经相符到了十几位有效数字,并且,随着实验技术提高,理论与实验符合的程度会相应提高。也就是说,理论与实验不符的那一点偏差完全是实验值测量误差所致。

简而言之,狭义相对论是久经实践考验的科学真理。

顺理成章,广义相对论也表示成四维形式。三维空间变量 x、y、z 和 ct,其中 c 是光速,t 是时间变量。这样,时空变量写在一起就是 (ct, x, y, z)。

4.2.2 矢量和张量

三维矢量已经介绍过,日常生活中有许多例子。这里涉及的四维矢量相当抽象。那么,它们有什么共同点呢?如果把一个三维矢量(如速度)的分量也写出来排成一行:$v=(v_x, v_y, v_z)$。与四维矢量比较就可以看出,它们十分相似。所不同的只是分量个数有别。它们的分量个数都与各自的维数相同。这样,我们就知道了,四维矢量是能够表示成类似的有四个分量的量。

为了简便,人们常常给上面的时空变量一个新的符号:$x_0=ct$,$x_1=x$,$x_2=y$,$x_3=z$。

相应地,有 $v=(v_1, v_2, v_3)$。有时还把它写成 v_i($i=1, 2, 3$)。

将矢量的概念推广,具有九个分量并写成下述形式的量叫张量

$$A = \begin{bmatrix} A_{11} & A_{12} & A_{13} \\ A_{21} & A_{22} & A_{23} \\ A_{31} & A_{32} & A_{33} \end{bmatrix}$$

或者确切地叫二阶张量,简称张量。一阶张量就是矢量;零阶

张量就是标量,也就是只有大小的量,例如,某物体的质量。当然,还可以有三阶张量、四阶张量……

张量还可以写成 $A=A_{ij}$ ($i, j=1, 2, 3$)。

显然,用这种形式,很容易把高阶张量表示出来。

4.2.3 能量动量张量

相信大家在初中就已经学过动量,它是 $p_i=mv_i$。

现在介绍四维能量动量矢量,像给 x_i 加上 $x_0=ct$ 一样,给 p_i 加上 $p_0=Ec^{-1}=mc$,就构成了四维能量动量矢量。以后,我们采用通常的约定:下标的希腊字母表示取 0、1、2、3 四个值。这样,四维时空写为 x_μ ($\mu=0, 1, 2, 3$);上面定义的四维能量动量矢量写为 p_ν ($\nu=0, 1, 2, 3$)。

切记!英文下标表示三维空间,希腊文下标表示四维时空。以后不再重复说明了。

再给速度加上 $v_0=c$,从而定义四维速度。现在,可以引进能量动量张量了。以由 n 标记的质点组成的系统为例,它的能量动量张量是 $T_{\mu\nu}=\sum_n p_{n\mu}v_{n\nu}$,式中 $p_{n\mu}$ 是第 n 个质点的四维动量,$v_{n\nu}$ 是它的四维速度。显然 $T_{00}=\sum_n m_n c^2=Mc^2=E$ 是系统的总能量,其中 $M=\sum_n m_n$ 是系统的总质量,m_n 是第 n 个质点的质量。T_{00} 就是系统的总能量。当然,我们还可以把张量 $T_{\mu\nu}$ 的其余 15 个分量明显地写出来。不过,它们就没有 T_{00} 这样清楚明确的物理含义了。

4.2.4 爱因斯坦引力场方程

延续狭义相对论中空间长短和时间快慢与物质的运动状态有关的思想,爱因斯坦进一步假定:时空性质完全由物质决定。其弯曲

程度表现了物质引力的强弱。

这就是广义相对论引力场方程：$G_{\mu\nu}=-8\pi GT_{\mu\nu}$。

方程左边的量 $G_{\mu\nu}$ 叫爱因斯坦张量或引力张量，它反映了弯曲时空的几何特征。

表面上，如果知道了一个系统的物质的分布及其运动，就可以求出其能量动量张量 $T_{\mu\nu}$，再通过方程求出系统的时空特征，即反映了系统引力性质的引力张量。

实际上，情形要复杂得多。因为，系统的质量、能量分布，运动情况都与时空变量密不可分，或者说，都与时空特征有关；可是，时空特征本身又是未知的待求量。所以，方程是极为难解的。

4.3 宇宙学原理

为了研究宇宙物质的总体运动，需要了解宇宙物质的分布。天文观测提供了一些知识，但是，很不够。于是便出现了宇宙学原理。宇宙学原理就是关于宇宙中物质总体分布的一个假设：处处均匀各向同性。

对宇宙学原理的最有力的支持是关于背景辐射的天文观测。上一章已经介绍过，背景辐射确实是高度均匀各向同性的。

然而，原子、分子、行星、恒星、星系等静止质量不为零的物质的分布就不那么均匀了。从我们身边讲起，地面土壤、岩石的密度大约为 $3\sim5$ 克/厘米^3，空气密度大约是 10^{-3} 克/厘米^3，它们相差几千倍。太阳的平均密度约为 1 克/厘米^3，银河系内星际气体的密度约为 10^{-27} 克/厘米^3。可见，在银河系内，物质分布也很不均匀。即使把星系当成一个单位，它们在宇宙中的分布也是不均匀的。目

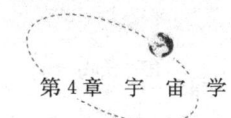

前的天文观测表明,星系是成团分布的。于是,人们假设以大星系团为单位,宇宙是均匀的。天文观测目前尚未证实它对,但是,也没有证实它不对。

所以说,这是一个假设。

另外,宇宙学原理是宇宙学范围内的原理。宇宙学讨论的主要问题是宇宙物质的总体运动。孤立气体团形成恒星、星系等均属局部的物质运动(对此有兴趣的读者可以参考拙著《恒星起源动力学》)。它们与宇宙物质的总体运动基本无关。这样,在讨论总体运动时,可以不管这类局部运动。也就是说,可以设想恒星、星系等均没有形成,而只是一些分布均匀的气体。或者说,宇宙学原理就是把星体、星系等"搅散""抹平"。

这种理论处理看似荒诞,然而,它确实是有道理的。它抓住了问题的主导方面,而忽略其次要方面。类似的例子在科学中是很多的。例如,在讨论人造卫星的运动时,可以把地球看成是位于地心而具有全部地球质量的质点;在讨论从北京到上海的火车或飞机的运动时,也可以把火车飞机当成质点……

宇宙学原理不仅涉及物质的分布,它还涉及空间的结构。一个处处均匀的空间是不可能有边界的。因为,在边界点,内外便不均匀了。没有边界的三维空间,如果是无限大的,则容易想象;如果是有限的,则比较难以想象。无界而有限的空间,在二维情况下是有现实的例子的。它就是球面。

根据上一章介绍的天文观测事实,宇宙是膨胀的。所以宇宙应该是有限的。至少在从它开始膨胀起到目前为止这段时间内,它是有限的。

膨胀的宇宙现实加上宇宙学原理便导致了一个有限无界的三维空间。

4.4 标准模型

从宇宙学原理出发，根据引力场方程，就可以解得宇宙物质运动发展的情况。它确实是膨胀的，与天文观测的事实一致。取得了很大的成功。因此叫做标准模型。

这里只简要介绍其结果。

我们的宇宙来源于一次大爆炸。爆炸的瞬间可以选做时间的零点。在零时，空间也是零。整个宇宙就是一个点。这就是引力场方程的奇点解。

在 10^{-43} 秒、温度降到 10^{32} K 之前，理论没有任何描述。

在 $10^{-43} \sim 10^{-6}$ 秒这段时间内，温度逐渐降至 10^{13} K，整个宇宙处于一个热平衡态之中。标准模型对其中的情景做了许多生动的描述。但是，内容涉及粒子物理中许多高深的理论。本书只好忍痛割爱了。

在 10^{-6} 秒之前，宇宙是温度超过 10^{13} K 的一盆"汤"。其主要成分是光子、正反质子、正反中子，还有其他好几种叫做"强子"的正反粒子，以及正负电子等轻子。其中频繁发生两个光子碰撞产生正反质子（或其他粒子）对、正反质子（或其他粒子）对湮没产生两个光子这类反应：$2\gamma \Leftrightarrow p + \bar{p}$，式中 γ 表示光子，p 表示质子，$\bar{p}$ 表示反质子。由于这类反应频繁发生，所以，这时宇宙中光子总数和粒子总数是同一个数量级。

过了 10^{-6} 秒，宇宙汤的温度降到 10^{13} K 以下，两个光子的能量

已经不足以产生正反质子（或中子）对了。但是，反过来的反应——正反质子对湮没产生两个光子仍然可以进行。于是，大量的粒子湮没了。剩下的质子、中子数大约只有光子数的 10^{-10}。

在 13.82 秒之前，温度在 3×10^9 K 以上，两个光子与正负电子对之间的反应 $2\gamma\Leftrightarrow e^- + e^+$

仍然频繁进行。所以，宇宙是以光子和正负电子为主的"淡汤"，质子和中子只是其中偶然得见的一星半点的"作料"。

过了 13.82 秒，电子和正电子也大量湮没。剩下的电子数与质子数相同。宇宙"汤"基本上是由光子组成的"清汤"。之后，在宇宙膨胀的一百多亿年的时光中，这盆"清汤"只是逐渐凉了下来。到今天，它成了温度为 2.725K 的背景辐射。

然而，在这段时间里，相对说来，数量极少的质子、中子、电子却上演了十分丰富的剧目。

到了 100 秒，质子与中子开始结合，形成各种原子核，其中主要是氦核、氘核和氚核；到了 10^{12} 秒，质子与电子结合，形成氢原子，其他原子核与电子结合，形成其他原子；到了 10^{17} 秒，恒星、星系开始形成……

那么，将来会怎样？我们的宇宙会永不休止地膨胀下去吗？还是膨胀到一定程度后会停止，之后转而收缩？

关于上述两种可能，标准模型理论的结果取决于两个实际观测的参数。一个叫做减速参数，通常记做 q_0，如果 q_0 小于 $1/2$，则宇宙会持续膨胀下去；而如果 q_0 大于 $1/2$，则宇宙将来会收缩。目前观测 $q_0\approx 1$〔参考 S. 温伯格著（邹振隆，张历宁译），引力论和宇宙论，科学出版社，1980：541〕。

似乎可以得出结论，宇宙将来会收缩。

然而，还有另一个参数，它就是目前宇宙的平均密度，通常记为 ρ_0。如果 ρ_0 大于临界密度 $\rho_c \approx 1.1 \times 10^{-29}$ 克/厘米^3，则宇宙将来会收缩；关于宇宙临界密度的值，许多书都有叙述，例如，物理学评述委员会（伍长征等译）的《总论，90年代物理学》（科学出版社，1992：89）。

反之，如果 $\rho_0 < \rho_c$，则宇宙将永远膨胀下去。目前，ρ_0 的实际观测值是 $\rho_0 \approx 3 \times 10^{-31}$ 克/厘米^3，它比临界密度小不到两个数量级，或者说，它还不到临界密度的百分之三。也就是说，按照这个观测值，宇宙将永远膨胀。

矛盾出现了。

现代，有一些科学家相信宇宙密度决定的结果：宇宙会永远膨胀下去。我们后面还要介绍这种观点，以及它的一些推论。

而相当多的科学家相信减速参数决定的结果：宇宙将来会收缩。那么，如何看待宇宙密度的观测值？人们解释说，所观察到的都是发光的恒星、星系。还有许多不发光的暗物质，例如，各星系之间广阔空间中的气体，以及黑洞等。于是，便有不少科学家投身于寻找暗物质的工作。不过，也有一些科学家认为（例如，我们在前面引过的《总论，90年代物理学》中就可以看到），上面给出的是宇宙中所有重子（包括质子、中子等）的平均密度，已经包含了黑洞，以及星系之间的气体，要寻找暗物质，只能去找非重子物质。这又给寻找工作增加了难度。

总之，关于宇宙的将来，标准模型没有给出明确的回答。

关于宇宙的过去，如上所述，标准模型只能描述到 10^{-43} 秒。在

这之前的情况,标准模型没有描述。但是,对于宇宙这样一个大问题,人们自然会问,再以前是什么样的?宇宙是怎样爆炸起来的?这正是人们最感兴趣的,也是自然科学的三大基本问题(宇宙起源、物质最小构成单元、生命奥秘)之一。

4.5 有关标准模型的问题

标准模型的成功,在于它给出了一个膨胀的宇宙,与天文观测一致。物理学的理论必须与实验或观测一致。否则,理论本身再完美,理论的提出者再有名,一段时间内拥护者再多,它也无法逃避被淘汰的命运。历史上的地心说、以太说等事例不胜枚举。今后,这样的事还会不断发生。这就是物理学前进的基本模式。

然而,标准模型并没有给出 10^{-43} 秒之前和今后宇宙发展的情况。

关于标准模型,还有一系列问题。本节集中讨论这些问题。正如在前面已经提到,这些问题中,有一些可能是源于作者对有关理论的错误理解。所以,希望有兴趣的读者能参考其他有关书籍(例如,温伯格所著的《引力论与宇宙论》),独立思考,得出自己的结论。本书若能起到抛砖引玉、活跃学术气氛的作用,也就达到目的了。

4.5.1 关于空间

20 世纪末,科学家在南极放飞了一个高空气球。21 世纪初,美国发射了名为 MAP 的卫星。它们都是通过背景辐射来测量空间的性质。后者的测量范围更大,受地球影响更小,所以,精度和可靠性都更高。

它们的测量结果都是:我们的宇宙空间是平直的。

实际上，至今人们所做过的有关我们宇宙空间性质的所有测量都是这同一个结论。

再来看看，标准模型中空间性质是什么样子的。

1. 宇宙学原理要求一个弯曲闭合的三维空间

它与观测事实不一致。

2. 难以建立明确的物理图象

标准模型为人们提供的是一个有限无界的三维空间。但是，这个空间却无法想象。本来，在人们的经验中，空间是容易想象的。例如，人们经常要布置家庭的空间、礼堂的空间……这种又没有边界又具有有限大小的三维空间究竟是什么样的呢？

没有明确的物理图像并不是一件小事。物理学是一门实验科学。相当多的新发现都来源于科学家的正确物理图像。常常是先由正确的物理图像得（或者说，猜）到正确结论，然后再寻找证明。这当中，如果缺少数学工具，就临时发展新数学，这样的例子是随手可得的。牛顿的微积分和狄拉克的 δ 函数就是其中的典型代表。这也往往形成数学发展的主要推动力。

所以说，没有明晰的物理图像，对于物理学家来说，是很危险的。这往往是走向错误的起点。

3. 先验排他

上一章介绍的天文观测事实告诉我们，我们所在的宇宙正处于膨胀之中，所观察到的物质（包括星系，背景辐射……）均在膨胀。那么，在我们这个膨胀着的物质系统之外，还有没有物质？目前还没有发现这方面的证据。也就是说，目前，我们既没有存在这种物质（且把它叫做外边物质）的证据；也没有什么证据或理由可以说，一定不存在外边物质。

但是,标准模型的无界空间却先验地排除了存在外边物质的可能性。

或许,将来随着探测技术的提高,人们会找到充分的来自外边物质的信号。那么,就将直接证明有限无界空间模型的失效。反之,若将来能证明,确实不存在外边物质,那就是对该空间模型的有力支持。总之,关于有无外边物质的寻找和论证是标准模型需要面对的检验。

4. 互不相容

按照标准模型,我们的宇宙空间有限而无界,没有外边。所以任何物质都跑不出去,光也不例外。这样,我们的宇宙就是一个大黑洞。另外,如果用上面的临界密度 ρ_c 和宇宙半径[参考引力、宇宙学和宇宙线物理学小组著(赵志强等译),《引力、宇宙学和宇宙线物理学,90年代物理学》,科学出版社,1994:82]$R=2\times10^{28}$ 厘米。那么,容易验证 $2GM/Rc^2>1$。

这正是黑洞的主要特征。请参考俞允强编著《广义相对论引论》(北京大学出版社,1987:116)。

黑洞不论大小,空间结构应该相似。也就是说,黑洞都应该具有无界的三维弯曲空间。但是,一个大的这种空间(我们的宇宙)如何包容许多小的这类空间(天鹅 X-1、仙后 A 等)呢?实在无法想象。

无界的三维弯曲空间无法想象。无界的二维曲面却有现成的例子,这就是球面。随便拿一个球来,玻璃球、乒乓球、台球、足球、排球、篮球……仔细找找,它有边界吗?请注意,前提是二维曲面,

也就是说，不能离开它的表面，只局限于它的表面。面的边界是线，能在球面是找出一条线，把所有球面都包含进去吗？显然不能。所以说，球面就是无界二维曲面的现实例子。

如果用二维的例子来想象，问题就更大了。因为大球面根本就无法与小球面相容。谁能把一个足球表面毫不走样地嵌到一个篮球表面上去呢？

把本问题与上一个关于外边的问题联系起来。我们既然已经确定无疑地存在于若干小黑洞的外边，那么，怎么能够断言，我们这个大黑洞就一定没有外边呢？

5. 奇点解

标准模型中关于宇宙起源于 0 时刻的一个没有大小、密度为无限大的奇点的看法是不充分的。

1) 施瓦氏解

1915 年爱因斯坦提出广义相对论。1916 年施瓦氏求真空时的解。广义相对论引力场方程的左边是由四维时空曲率张量合成的爱因斯坦张量，右边是能量动量张量。求真空解，右边等于零。因为真空，没有物质，没有能量动量。在定积分常数时，他假设，在坐标原点有一质量，用其在远处的引力势来定常数。所以，严格地，施瓦氏解不能说是广义相对论方程的解。退一步，最多只能说，它是弱场情况下的近似解。也就是说，它只能应用于远离原点（质点）的空间。如果用施瓦氏解研究原点附近的黑洞，那么，本书的笔者认为，这样直接尖锐的前后矛盾是无法忍受的。

2) 数学模型不等于物理实在

在物理学研究中，为了把众多的具体运动的同一主要特征提取

出来，往往要建立数学模型。例如质点，它就是没有大小、质量又高度集中的数学模型。但是，它不是物理实在。当讨论月亮绕地球的运动时，我们可以把月亮和地球都当做质点。因为，这样做有利于讨论清楚主要议题：月亮相对于地球的运动。显然，没有人会认为，地球真的是没有大小的、质量高度集中的一个点。当讨论氢原子的化学、物理性质时，可以把电子和质子都当成质点。但是，现代物理学已经弄清楚，质子也是有大小的，其线度大约是 10^{-15} 米，并且，它还有结构。除了质点之外，刚体、理想气体、理想流体等都是物理学中常常用的数学模型。它们也都不是物理实在。连一个质子尚不是一个点，怎么能够想象，包含了约 10^{79} 个质子的宇宙会来自一个点？

实际上，宇宙必然有一个最小半径，宇宙就是从它的最小球体开始膨胀的。

3）理论方程的解不一定都是物理实在

在初中，学生们刚开始接触物理学时，就被告知，得到方程的解之后，要判断它是否符合物理实际，如果它没有物理意义，就应该舍弃。

4）宇宙大爆炸不是引力引起的

任何一个物理理论都是针对某类物质、某种运动而建立的。本书的主题，宇宙论，就是讨论宇宙中所有物质都参与的、引力起主要作用的整体的运动。大爆炸以后的变化与此符合。标准模型也得到了与实际观测一致的结果，从而得到人们的承认。但是，关于大爆炸，它为什么会发生？它是怎样发生的？这些问题就不是单单以引力为基础的方程之解就可以回答的了。也就是说，在宇宙膨胀的起点，引力已经不是主导因素了，引力场方程的解不应该是物理真实。

6. 引力与引力势能

在有限无界的空间中如何考虑引力？具体地说，在均匀分布与整个有限无界空间的物质系统中，如何求某个质点受到的所有其他物质的引力？

先考虑二维情况。

1) 局限于二维

在一个球面上，由均匀性和对称性可以断定：任何一个质点所受到的其他物质的引力都会相互抵消。也就是说，从结果上来看，任何质点均不会受到引力作用。

2) 不局限于二维

在一个球面上，由均匀性和对称性可以断定：任何一个质点所受到的其他物质的引力的方向必然指向球心。也就是说，要指向球面二维的另一维，第三维。

如果把二维的结果推广到真实的三维空间，那么，

1) 任何一个质点都不受引力作用

这显然与事实不符，况且，在我们讨论的以引力为主的系统中，竟然没有引力作用，岂不怪哉！

2) 任何一个质点所受到的合引力指向三维之外的第四维空间

于是，如果某个质点在某时刻是处于静止状态，那么它就将沿着合力的方向运动。这样，人们应该能够观察到这个第四维空间。但是，事实是没有。自从有科学史以来，从未找到任何存在第四维空间的证据！

在上述两种情况下，合引力均很难描述。相应地，整个系统的引力势能也不易得到。

如果不涉及引力势能，那么，总的能量守恒如何体现？宇宙膨胀以来，背景辐射从极高温度降低到目前的2.725K，能量小了若干亿倍。在它刚刚与质子等粒子脱离偶合时，其总能量大约是粒子总能量的10^{10}倍，而目前它只有粒子静止能量的约百分之一。那么多能量都跑到哪里去了？

7. 膨胀

一个充满有限无界弯曲空间的系统如何膨胀？

在二维情况，若要在膨胀过程中继续保持系统的均匀分布，则球面只有通过球的半径变大而膨胀。也就是说，必须借助于第三维。如果将上述分析推广到真实的三维空间，则会导致根本不存在的第四维。

我们来看看，假定存在第四维，会出现什么景象？直接考虑第四维比较困难。我们还是降低一维来推想。

假设在地板上有一个二维世界，其中所有的生物、物体都是二维的，或者说，是扁平的。这种二维世界，有些人是接触过的，如剪纸。还有一个例子是叫做"华容道"的传统智力游戏。见图4.1。游戏规则为，包括"曹操"、五虎上将和四个士兵的纸片都不能离开平面。也就是说，他们都是二维人物。另一个规则是，所有"人物"都不能移出黑框，只有最后曹操例外。通过平移，把曹操从下面的开口移出去为胜利。以最少的步骤完成者为优秀。

通过这个游戏可以体会二维世界的滋味。

我们再回到地板上的二维世界。当三维世界的物体（例如，一个人）从上面通过这个二维世界（到地板下）时，二维生物会看到

图 4.1 "华容道"

什么呢？它们首先会看到一双鞋，然后是脚、腿、手、腹、胸、颈，最后是头。就像是做全身 CT 时屏幕上出现的那样。显然，在二维世界，这个过程中，质量守恒已不复存在。

而且，如果三维生物向二维生物攻击，二维生物是无法防范的。同样，对于四维生物的攻击，三维生物也束手无策。所以，如果存在第四维，那么，因为空间是物质的属性，或者说，空间性质与物质密切相关，没有脱离了物质的空间，所以，四维空间中必然存在物质。四维空间中的生物可以看见三维空间中的一切，它们会进化得更快。当它们进化到富有征服性的时候，必然会把我们这个三维世界征服。

质量守恒一直是没有被违反，我们这个三维世界也没有被征服。这一切都说明，根本不存在第四维空间。

8. 加速膨胀和暗能量

1) 密度

按照标准模型，宇宙平均密度如果大于一个值（人们叫它临界

密度),空间就是弯曲闭合的(二维空间时的球面)。这是因为,物质密度大,引力就大,能使空间弯曲闭合。密度如果等于临界密度,空间就是平直的(二维时的平面)。而要是密度小于临界值,因为引力太小,空间就是开放的(二维时的双曲面)。

经过许多测量,包括暗物质,宇宙密度只有临界值的约十分之三。

就是说,标准模型的理论与实际对不上号。

2)加速膨胀、暗能量

一个新的观测结果似乎使标准模型看到希望。几个超新星看来太暗了。于是,一些人就解释,它们离我们太远。远到只有通过加速膨胀才能达到。膨胀加速是有具有排斥力的"暗能量"造成的。这样,加上"暗能量"(占临界密度的大约70%),宇宙密度就可能达到临界值,可以与观测一致了。

(1)奇怪的逻辑。

密度决定空间性质的关键因素是引力。引力大,空间是弯曲闭合;引力不够大,空间是平直的;引力小,空间是开放的。

不算"暗能量",密度小,引力小,空间(按照标准模型)是开放的。加上排斥性的"暗能量",引力更小。空间应该更开放。怎么可能与实际观测结果——平直空间一致呢?

(2)与背景辐射的矛盾。

如果排斥占七成,宇宙空间就是开放的。那么,大爆炸时的光子怎么会被约束住,形成平衡态?

开放空间意味着宇宙有质心。它就是大爆炸所在地。如果排斥为主,那么,怎么可能存在极多指向质心运动的光子?

(3) 与哈勃关系矛盾。

哈勃关系说，诸星系的退行速度 v 与其距离 r 成正比 $v=Hr$。就是说，距离越远的星系的退行速度越大。

我们知道，星系的速度和距离都是通过观测它们的光而得到的。这些光发射自 $t=r/c$ 之前。例如，我们所观测到的 10 万光年远的星系的光发自 10 万年前……

星系退行本质上反映了宇宙膨胀。这样，时间越早，膨胀速度越大。就是说，宇宙膨胀是减速的。由上面两个式子，容易得到，减速度为 Hc。

(4) 越来越麻烦。

旧问题没有解决，又出现一个更大的新问题：具有排斥性的"暗能量"是什么？提出者没有说清楚。

(5) 黑洞附近。

实际上，暗的超新星不一定很远。如果它在黑洞附近，它的光被黑洞吸去了，自然就暗了，红移也大。

3) 加速膨胀不是观测的直接结果

读了 20 世纪末发表的、首次提出加速膨胀的文章，我们没有找到直接观测量——红移的数值。实际上，文章的作者是把观测数据投入到标准模型，再加上一些分析，得到加速膨胀的结果。进而，为了寻找加速膨胀的动力，提出了暗能量的概念。

4) 空间性质

加速膨胀和暗能量（占 70%）导致的空间性质是什么？是开放！

前面已经论述，标准模型的前提条件之一——宇宙学原理要求弯曲闭合的空间。

自相矛盾！

4.5.2 关于背景辐射

背景辐射是一种黑体辐射，或者说，平衡辐射。但是，宇宙微波背景辐射不是人们在实验室制造出来的黑体的辐射。与黑体不同，背景辐射没有壁，它是靠宇宙物资（包括星系、星星、星际气体、质子和电子等所有静止质量不为零的物体与光子）的引力而积聚在一起的。

作为对照，我们可以看一看新星或超新星的情形。当它们爆发时，会放出大量的光子。例如，一千多年前，在我国宋代皇家天象记录中，便一连许多日都有一颗十分耀眼的星。然而，它的引力太弱，不能束缚住所放出的光子，没有形成平衡态。光子都散失掉了，只剩下一些冷下来的粒子和尘埃。这就是今天仍可以观察到的蟹状星云。

宇宙微波背景辐射的情形不同，宇宙物质的引力足够强，它没有让当初大爆炸所产生的光子散失，而是将其束缚住了，形成了光子平衡态。

1. 仅由光子不能构成平衡态

让我们来分析一下其中的道理。

我们知道，一个系统（就是一些物质），一个孤立的系统，必然有质量，有能量。并且，这质量、能量不可能是负的。理由是，质量是物质的量，也就是"存在"的量。"存在"最少也就是不存在。负"存在"如何理解？如何测量？

接着，我们看看一个孤立引力系统的总能量 E 的构成。它应该包含引力势能 $-U$、动能 T 和静止能量 $M_0 c^2$。即 $E = -U + T + M_0 c^2$。

对于仅仅由光子组成的孤立系统，因为光子的静止质量等于零，所以只有引力势能和动能，$E=-U+T$。上面已经论述了，一个系统只要存在，其总能量必须大于零，$E>0$。也就是说，动能大于引力势能（绝对值），$T>U$。当系统膨胀时，系统成员之间距离要变大，系统的引力势能（绝对值）要变小，系统的动能也要变小。当系统的引力势能小到零时，系统的动能仍然大于零。就是说，系统还要膨胀。而系统的引力势能等于零就意味着它不是一个束缚态了。它要散失了，不可能形成平衡态。

这种仅仅由光子组成的孤立系统有许多实例。例如，世界上几个粒子加速器对撞机中进行正反粒子对撞实验时，正反粒子束对撞，刚刚湮没而产生出来的就是这样的系统。粒子束能量很小时，如果就让它们对撞，那么，所产生的就是一些光子，很快就散失掉了。如果把粒子束加速，使其能量增大之后再对撞，那么，粒子对湮没产生的光子会碰撞产生正反粒子对。粒子束的能量越大，所产生的粒子对的数目和种类越多。

但是，对撞机中，这种粒子对与光子的相互产生情形与大爆炸初期光子平衡态中的情形有很大不同。对撞机中，光子系统不是平衡态，其中的光子自产生之时起就向外辐射，与其他光子相撞产生粒子对只是一种偶然事件。而在光子平衡态中任何一点，都有来自各个方向的光子，光子与粒子对的相互产生是反复、频繁发生的。

宇宙微波背景辐射这个光子平衡态的存在说明，我们的宇宙不可能产生于一团"纯能量"，一个仅仅由光子组成的系统。

所以，在我们宇宙中不可能存在大量的、与正物质相当的反物质世界。

2. 光子动能向核子的引力势能转化

在宇宙膨胀的过程中，背景辐射的能量不断减少。同时，整个宇宙系统的引力势能不断增加。显然，背景辐射的动能不断转化成系统的势能。这是贯穿整个膨胀过程的最主要的物理。

在与质子刚脱耦那段时期，背景辐射的一个光子的动质量（其能量 $h\nu$ 除以 c^2）只比质子的静质量略小。而光子总数是质子总数的若干亿倍。因此，背景辐射是宇宙物质的主体。不涉及这种转化的机理，不可能正确地讨论宇宙膨胀时期的物理。

标准模型没有这种描述。

4.5.3 关于时间

1. 时间不可逆与因果律

因果律是自然界中最普遍的规律。没有父母的结合，就不会有子女的出世。这是一个人人尽知的道理。没有阳光、水等，植物就不会生长……这些是生物界因果律的常见的例子。没有外力，物体就会保持其原有的静止或匀速直线运动状态。这是牛顿第一定律，也是因果律在物理学界的一个例子。在化学界……总之，因果律的例子是随手可以拈来的。简单地说，有因才有果，没有因就没有果；因在前，果在后。绝不可能倒过来。子女不可能出生在父母出世之前；果不可能结在花开之前；物体运动状态的改变不可能发生在外力施加之前……

因果律生动地反映了时间的不可逆性。物体在某时刻的运动状态是其在此时刻之前的运动状态以及与其他物体相互作用的结果。而后者是前者的因。在诸多的因中，有的对这个果起主导作用，有的起次要作用。人在每一时刻的状态都是之前时间的作为及周围环

境的果。自然，这个情况比物体运动复杂多了。

因果律是自然科学的基础。物理学通过方程表达某（些）因与某（些）果之间的联系，从而由某个因可以预先知道一系列的果。例如，通过牛顿引力定律（方程）和某彗星目前的运动形态（因）而预先知道它将来的情况（果）。医学通过探索致病的因而达到治病救人的目的……没有因果律就没有自然科学。

总而言之，因果律是不能违反的，时间是不可逆的。

但是，在标准模型的时空框架内，时间与空间的地位完全等同。时间的不可逆性是要靠人为地来保持的。

所以，在讨论和应用标准模型时，要特别注意。只注意防止时间倒流比较困难。因为时间是物质运动的持续性，所以它依赖物质的运动形态。不同运动形态的物质有不同的时间，需要经常协调，时间的先后不容易始终控制得正确。

通过注意不违反因果律可以比较好地解决这个问题。

2. 时空隧道

在许多动画片中，都可以看到类似的如下情节：主角（或者与他的伙伴一起）通过一个神奇的门，立刻（或者很快）就来到相距极为遥远、时代也相差许多的另一个世界。这就是人们熟知的时空隧道。它如果只出现在动画片所表现的神话故事当中，则完全不必大惊小怪。神话本来就是可以随意想象的。

但是，有的相当有影响的科学家在世界著名的学术刊物上发表论文来讨论这种手段。这就不能不让人认真对待了。现在让我们从科学的角度对时空隧道做一些讨论。

（1）时空隧道赖以存在的第四维空间或第五维时空没有事实

根据。

(2)"回到过去"违反因果律。

在第二章,我们已经举了一些例子。其实,所列举的还不是很极端的可能性。还有可能,现代的角色通过时间隧道返回到了20世纪苏美对峙的年代,并且,他成功地挑动苏美进行了第三次世界原子大战……还有可能某人通过时间隧道返回到了第二次世界大战期间,帮助(例如,用现代的导弹、原子弹知识)希特勒征服了整个世界……

出现这一切荒诞场面的原因只有一个:假定可以通过时间隧道返回到过去。

(3) 弯曲封闭的四维时空是时空隧道的理论根据。

将时间与空间完全等同看待,理论本身并不禁止时间反转。上面的分析还表明,引力和膨胀等都需要第四维空间。这些正是时空隧道的存在基础。

3. 时间无起点

按照标准模型,我们的宇宙始于一场大爆炸。并将那一时刻定为时间的起点。但是,实际上时间不应该有起点。理由如下:

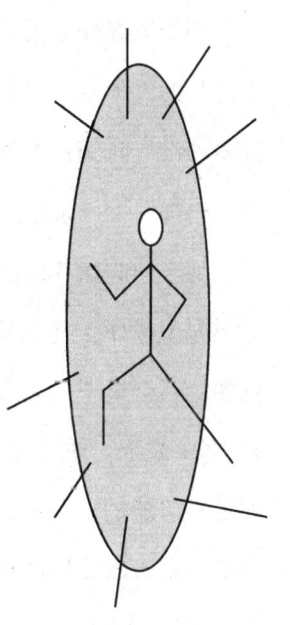

图 4.2 时空隧道

(1) 因果律告诉我们,任何一个因总是另一个(或一些)因的果。例如,任何一对父母总是其自身父母的子女;任何一粒种子必然是一株植物的果实,或者是其根、茎、叶、细胞;物理上,某物体的某个状态一定是该物体前一状态和各种因素作用的结果。所以

说,对于任何一个状态,人们都要探寻其成因。就拿宇宙大爆炸来说,人们也要问:大爆炸为什么会发生?找到了大爆炸的原因,就会多少了解大爆炸之前的物质形态和运动情况。也就是说,大爆炸并不是时间的起点。

(2) 能量守恒定律是从未找到过违反事例的最普遍的规律。它表明,物质的运动是不灭的。运动是永恒的,自然不应该有起点。

4.6 "有产生于无"

关于大爆炸之前,关于宇宙起源,有一个可以简称为"有产生于无"的'理论'。其大意如下:大爆炸发生之前,没有物质,空间为零,没有时间;根据量子力学中的不确定(性)原理,在 10^{-43} 秒时,出现了 10^{16} 尔格的能量……于是,大爆炸发生了。

为了把问题弄清楚,需要了解不确定原理。

先说说什么是不确定度。物理上,物理量都不是完全准确的。例如,一个桌子的长度是 1.20 米。那么,它究竟是 1200 毫米,还是 1201 毫米,或者是 1199 毫米?在用米尺测量的情况下,这个问题是不清楚的。这时,就把 1 毫米叫做这个桌子长度的不确定度。再如,某人的住房面积是 120 平方米。可是,到底是 120.0001 平方米,还是 119.9999 平方米?这个 1 平方厘米就是某人住房面积的不确定度。从这两个例子,读者至少可以清楚,一个物理量和它的不确定度不是一码事。

不确定原理是量子力学的基本原理之一。其内容之一是,一个系统的能量的不确定度与其时间的不确定度的乘积大于(至少是等于)普朗克常量。

现在,可以看出一些东西了。

(1)"有产生于无"混淆了物理量与其不确定度这两个不同的内容。具体的说,不确定原理说的是能量的不确定度与时间的不确定度的关系,而不是能量与时间的关系。

(2)不确定原理,量子力学,物理学,所有科学,都不违反能量守恒定律。但是,"有产生于无"却违反了能量守恒定律。显然,从遵守能量守恒定律的不确定原理是得不到违反能量守恒定律的"有产生于无"的。

(3)根据天文观测,宇宙的总能量约为 10^{76} 尔格。显然,"有产生于无"所制造的能量是远远不够的。

一方面,作为宇宙起源方面的"理论","有产生于无"没有回答下述主要问题:

"大爆炸为什么会发生?"

"它为什么发生在 200 亿年前,而不是 1400 亿年前?"或者说"它为什么恰恰发生在那个时刻?"

总之,它违反普适的能量守恒定律、质量守恒定律等等科学规律。

另一方面,这个奇点没有来源,没有"因"。所以,它违反了作为科学基础的因果律。

实际上,它的支持者和宣传者都不隐晦:开始时,一切科学规律均无效!

它实质上是神学。

(1)记得,21 世纪初,笔者在电视中看到,当时的梵蒂冈教皇接见了此宇宙观的代表人物霍金,亲切地摸着他的头。罗马天主教

教皇方济各 2014 年 10 月 28 日在梵蒂冈教皇科学院发表演说，肯定大爆炸……称"上帝不是魔术师"，不是挥一挥魔术棒便创造世界。他称大爆炸……跟上帝神圣创造者角色并不矛盾，反而印证了上帝存在，因为大爆炸及演化都需要上帝。

（2）它与宗教的基本共同点是：开始（创世）时，一切科学规律均无效！

（3）它与宗教的不共同点是：开始（创世）的时间长短不一样。上帝用了 7 天；它用 10^{-43} 秒。

科学与神学不可调和。

科学的本质特征是检验性。只有经过实践反复检验了的认知才能叫科学。

神学不然，其基本特点是，信则灵。"佛在心中。""上帝与我们同在。"

总之，"有产生于无"是没有科学根据的。

至少，公共媒体不应该宣传反科学的内容！

多年来，笔者在文章和出版物中几次表达了上述看法。

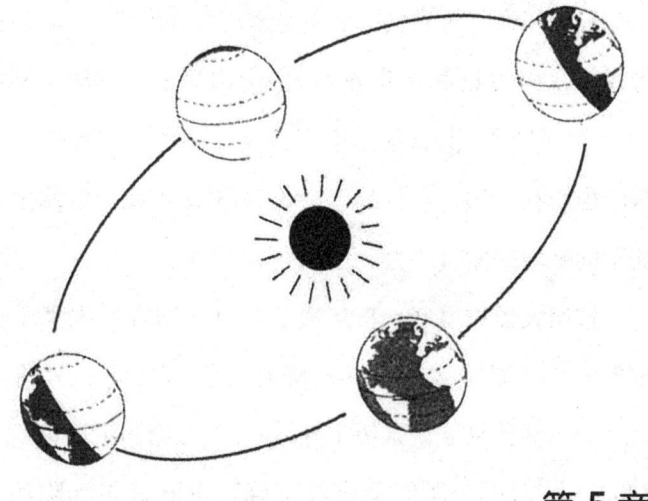

第 5 章

运动的宇宙

本章主要介绍笔者近年来的工作。

5.1 光子平衡态

5.1.1 定义

从第三章的介绍中，我们知道，宇宙背景辐射的空间分布是高度各向同性的，能谱分布服从普朗克分布。因此，这是一种黑体辐射，所谓黑体，就是一个由物体（如金属壳）密闭的空腔。空腔中只有辐射，或者说光子。黑体辐射就具有上述两个基本性质。它是一种热平衡态。

背景辐射也是热平衡态。不过，背景辐射的特征温度正在非常缓慢地降低。所以，严格地说，背景辐射是一种准平衡态。

我们知道，背景辐射的质量密度是 [参考 S. 温伯格著（张历宁等译）《引力论和宇宙论》，科学出版社，1980：554] $\rho_\gamma = 4.4 \times 10^{-34}$ 克/厘米^3，其特征温度现在是 [参考何香涛著《观测宇宙学》，科学出版社，2002：112] $T = 2.725$K。由此可以算出，背景辐射中光子的平均碰撞时间为 $\tau = 3.7 \times 10^{-14}$ 秒。

按照大爆炸模型，自从质子与电子结合形成氢原子以来，背景辐射的特征温度从约 4000K 降到目前 2.725K，大约用了 120 亿年 [参考 S. 温伯格著（张历宁等译）《引力论和宇宙论》，科学出版社，1980，§15.6]。即使是直线下降，也就每年下降约 $\Delta T_y = 3.3 \times 10^{-7}$K。在平均碰撞时间 τ 内，背景辐射的特征温度最多下降 $\Delta T_\tau = 4 \times 10^{-28}$K。

显然，背景辐射是几乎不可能再好的平衡态了。

不仅仅是特征温度变化得异常缓慢，更重要的是，背景辐射在长达 100 多亿年的变化过程中，一直保持着高度各向同性和普朗克分布。所以说，它确实是当之无愧的热平衡态。

实际上，可以认为我们的宇宙也是处于光子平衡态之中。这是因为，从粒子数目上来说，光子在宇宙中占绝对优势。关于这一点，我们可以大致估算一下。

我们已经知道，单个光子的能量为 $\varepsilon = h\nu$。

再由普朗克分布可以得到光子数密度谱：$n_\nu = 8\pi\nu^2 c^{-3} \cdot [e^{h\nu/kT} - 1]^{-1}$。

积分，可以得到光子数密度 $n_\gamma = 19.2\pi (kT/ch)^3$。将有关常量 [参考饭田修一等编《物理定数表》，朝仓书店，1969] 和 $T =$

2.725K 代入，有 $n_\gamma=405$ 厘米$^{-3}$。

关于这个数，还有另一种估算法。由普朗克分布积分，容易算出能量密度［参考 W. 泡利著（刘云喜译）《泡利物理学讲义，4，统计力学》，人民教育出版社，1983：68］

$$u = \int_0^\infty \rho_\nu d\nu = \frac{8\pi h}{c^3}\left(\frac{kT}{h}\right)^4 \frac{\pi^4}{15}。$$

再由单个光子的平均能量 $\varepsilon = kT$，可以得到 $n_\gamma = (8/15)\pi^5(kT/ch)^3 \approx 1077$ 厘米$^{-3}$。

它与上一个方法得到的只差两倍左右。

再来看看宇宙中的重子密度。由观测得到的质量密度［参考 S. 温伯格著（张历宁等译）《引力论和宇宙论》，科学出版社，1980：552］$\rho_h=3.1\times10^{-31}$ 克/厘米^3，和单个核子质量［参考饭田修一等编《物理定数表》，朝仓书店，1969］$m=1.67\times10^{-24}$ 克，于是，重子数密度为

$$n_h = 1.85\times10^{-7} 厘米^{-3}。$$

所以有 $n_\gamma/n_h \approx 10^9 \sim 10^{10}$。

这个比值与一些作者的结果相符［参考 S. 温伯格著（冼鼎钧译）《最初三分钟》，科学出版社，1981：83］。

正因为这样。宇宙系统的热力学性质就应该由光子来决定。

注意：本书讨论的是宇宙整体的运动。所以，对于局部的、形成恒星和星系的运动，我们不予以考虑。可以建立这样一个图像：质子、电子等仍然是分散地"泡"在光子"汤"中的"作料"。在此基础上，我们来讨论宇宙整体的运动。

5.1.2 光子平衡态必然膨胀

第三章已经介绍过，天文观测表明，我们的宇宙在膨胀着。也

就是说,这是一个事实。并且,这是不可能偶然发生的。只能把它看成是系统本身固有的性质。

1. 质子等静止质量不为零的粒子系统可能收缩

例如,恒星就是一团气体收缩而成的。

2. 宇宙整体的热力学性质由光子平衡态决定

(1) 在过去百亿年以前的时间里,光子平衡态一直在膨胀着。这不仅是大爆炸理论的内容,也是我们观察到的客观事实,我们观测到的遥远的星系正是表现了几亿、几十亿年前宇宙光子平衡态膨胀的信息。

(2) 这种膨胀是光子平衡态自身的特性。它不同于弹片飞向四面八方的"膨胀"。弹片的"膨胀"源于起初炸药爆炸,它们飞向四面八方,均远离它们的质心。宇宙光子平衡态中任何一块空间,必然包含着奔向各方的光子,既有背离宇宙质心的,也有朝着质心的。它也不同于超新星类型的爆炸。超新星爆炸后形成的星云是一层气体壳。这层气体壳与残留的核之间有着广袤的密度相对小的空间。光子平衡态中物质是三维均匀的。

(3) 由于系统中光子数占绝对多数,与光子之间的相互作用比较,粒子所参与的相互作用对系统性质的影响可以忽略。

(4) 与其他任何粒子不同,光子永远以光速运动,无论相对于任何参考系。因此,光子的平衡态也必然有与众不同的性质。

只有到了绝对零度,光子平衡态消失了,宇宙膨胀才会停止。

所以说,必然膨胀是光子平衡态的固有性质。

在宇宙膨胀的过程中,背景辐射的能量不断减少。同时,整个宇宙系统的引力势能不断增加。显然,背景辐射的动能不断转化成系统的势能。

这是贯穿整个膨胀过程的最主要的物理。

在与质子刚脱耦那段时期，背景辐射的一个光子的动质量（其能量 $h\nu$ 除以 c^2）只比质子的静质量略小。而光子总数是质子总数的若干亿倍。因此，背景辐射是宇宙物质的主体。不涉及光子平衡态必然膨胀的性质，不弄清楚背景辐射的动能向质子势能转化的机理，不可能正确地讨论宇宙膨胀时期的物理。

标准模型没有描述这个性质。实际上，仅仅从引力方程和宇宙学原理出发，是难以做到的。因为"光子平衡态必然膨胀"没有被包含其中。

5.1.3 宇宙束缚态

光子恒以光速运动，静止质量为零。光子系统很不容易形成平衡态。比如恒星，由于其引力场太弱，它的光都散失了，形不成平衡态。黑体辐射是一种光子平衡态。它是靠势垒约束住光子的。

宇宙背景辐射与黑体辐射不同，它没有势垒束缚，它是被宇宙中所有物质（包括星系、恒星……各种粒子和光子）的引力束缚成为一个系统的。

作为对照，我们可以看一看新星或超新星的情形。当它们爆发时，会放出大量的光子。例如，在我国宋代皇家天象记录中，便一连许多日都有一颗十分耀眼的星。然而，它的引力太弱，不能束缚住所放出的光子，没有形成平衡态。光子都散失掉了，只剩下一些冷下来的粒子和尘埃。这就是今天仍可以观察到的蟹状星云。

背景辐射的情形不同，宇宙物质的引力足够强，它没有让当初

大爆炸所产生的光子散失,而是将其束缚住了,形成了光子平衡态。所以,根据背景辐射所具有的光子平衡态的两个基本性质便可以说,我们的宇宙是一个引力束缚态。

5.2 宇宙总能量

我们曾在"湖南师范大学学报,1998,21(4):46"讨论过这个问题。

作为整体,宇宙是一个引力系统。在膨胀的过程中,系统的引力势能要增大,或者说,其绝对值要变小。相应地,系统的动能要变小。这表现为两个方面。一是背景辐射的特征温度要降低;二是星系之间相互退行的速度要变小。本节将定量地描述这个过程。

5.2.1 引力势能

为了计算方便,我们将宇宙想象成一个均匀的流体球。并且,它是一小块、一小块地从无穷远处移来而形成的。当球半径由 r 增加到 $r+dr$ 时,它的引力势能增加 $dU=-GM'dm/r$,其中 M' 是 r 球的质量,dm 是新增质量。这个公式与我们在第一章得到的没有本质差别。显然,$M'=\rho\pi r^3 4/3$,$dm=\rho 4\pi r^2 dr$,其中 ρ 是均匀流体的密度。于是 $dU=-G\rho^2(4/3)\pi 4\pi r^4 dr$。当球半径从 0 增加到 R 时,我们便得到了 R 球的引力势能

$$U=-G\rho^2(4/3)\pi 4\pi \int_0^R r^4 dr = -G3(M^2/5R)$$

,其中,$M=\rho(4/3)\pi R^3$ 是宇宙的总质量。结果与 [C. Kittel, W. D. Kinght, M. A. Ruderman, Mechanics, Berkeley Physics Course, Mc Graw-Hill, 1973,(2)1:277] 一致。

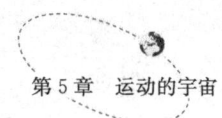

第 5 章 运动的宇宙

5.2.2 动能

宇宙动能主要包括两个部分 $K=K_1+K_2$,其中背景辐射的能量由上一节可以得到 $K_1=(8/15)\pi^5(kT)^4/(ch)^3(4/3)\pi R^3$。

非光子的动能 K_2 比 K_1 小很多。这是因为,整个宇宙作为一个热平衡系统,其成员的热运动动能的大小应该相仿。而质子、电子的数目比光子数目少得多。

注意:不能用哈勃关系 $\nu=Hr$ 来估计星系的速度,进而估计宇宙质子的总动能。原因是,哈勃定律是两个观测量 ν 和 r 之间的联系。这两个量都是由发自遥远星系的光来决定的。我们目前在地球上接收到的是 r/c 之前由星星发出的光。这些光所携带的信息是那颗星星 r/c 之前的性质。据此计算出来的 ν 是它 r/c 之前的速度,而不是它目前相对于地球的速度。例如,如果取 [参考 S. 温伯格著 (冼鼎钧译)《最初三分钟》,科学出版社,1981:20] $H=15$ (km/s)/Ml.y., $r=20$Gl.y. 则得到 $v=300\,000$ 千米/秒。即离我们最远的星系以光速相对于我们运动!这显然不是目前的情况。这是 r/c(大约是 200 亿年)前的情况。按照大爆炸模型,那时,大爆炸发生不久,粒子大都以近光速运动。

总之,宇宙动能主要是背景辐射能量 $K=K_1=(8/15)\pi^5(kT)^4/(ch)^3(4/3)\pi R^3$。

5.2.3 宇宙总质量

综上所述,宇宙总能量为 $E=U+K+M_0c^2$。上式右边前两项已经讨论过,最后一项是宇宙总静止能量 $M_0=\rho_h(4\pi/3)R^3$。前面已经介绍过 ρ_h,如果取 $R=2\times10^{10}$l.y.,则有 $M_0=1.0388\times10^{55}$g。利

用质能关系可以将上面的能量写成 $Mc^2=-3GM^2/5R+K+M_0c^2$。

这里需要讨论一下,为什么引力势能中的质量与上式左边的一样。

它是对系统引力势能有贡献的质量的总和。

(1) 它应该包括静止质量 M_0。这是不言而喻的。

(2) 它应该包括运动质量 Kc^{-2}。因为光子参与引力相互作用。引力弯曲和引力红移现象都说明了这一点。

(3) 它应该扣除由于内部相互作用而造成的"质量亏损"。这可以由对比核相互作用而看出来。当讨论氘核的质量时,不应该只取其成员一个质子和一个中子的质量之和,还应该扣除其"质量亏损"。

现在,我们可以计算宇宙的总质量 M 了。由 $T=2.725\text{K}$,有 $Kc^{-2}=1.4946\times10^{52}$ 克。我们把上面的式子写成 $AM^2+M-C=0$,其中 $C=M_0+Kc^{-2}=1.0403\times10^{55}$ 克,$A=0.6G/c^2R=2.2275\times10^{-57}$ 克$^{-1}$。这是一个一元二次方程,于是 $M=(2A)^{-1}[-1\pm(1+4AC)^{1/2}]$。上式开平方前面的负号会导致毫无意义的负质量。把它略去,有 $M=1.0172\ 4\times10^{55}$ 克。我们看到 $M<M_0$。

一个系统的质量小于其成员的静止质量之和,就意味着,这是一个束缚系统。

按照广义相对论[参考俞允强著《广义相对论》,北京大学出版社,1987:6],"仅当 $2GM/Rc^2$ 接近与 1,广义相对论的结果才会与相应的牛顿引力理论结果有实质的区别。"

在目前,有 $2GM/Rc^2=0.075$。它远小于 1。所以,这儿的结果应该与广义相对论的结果无本质区别。

我们的计算与三个天文观测值 T、R 和 ρ_h 有关。而且，对于后两个值，即宇宙半径 R 和宇宙的粒子密度 ρ_h，人们的看法不尽相同。因此，有必要讨论一下，如果取另一些 R 和 ρ_h 的值，本节的结果会有什么变化。

从上面看到，$4AC \approx 0.09 \ll 1$。把开平方展开，便得到 $M = C - AC^2 = M_0 + Kc^{-2} - AC^2$。

现在，我们选取文献中出现过的几个 $R=1.2 \times 10^{10}$ l.y.，$R=1.6 \times 10^{10}$ l.y.，$\rho_h = 6 \times 10^{-31}$ 克/厘米^3 进行计算，均有 $AC^2 > Kc^{-2}$。即，本节得到的定性结果 $M < M_0$ 是没有变化的。

还可以进行更深入的讨论。要使 $M < M_0$，只需 $0 < (M_0 - M)/Kc^{-2} = 0.8\pi Gc^{-2}\rho_h^2 \rho_\gamma^{-1} R^2 - 1$。

可以认为，背景辐射温度 $T=2.75$K 的测量是比较准的。于是，ρ_γ 的计算比较可靠。如果从观测得到的密度出发，则可以算出，只要 $R > 5 \times 10^9$ l.y.，便有 $M_0 > M$。这看来是没有问题的。因为目前观测到的最远的星系的距离绝不会小于上述值。

我们知道，根据天文观测的物质密度，宇宙论"标准模型"得到的结论是，正在膨胀的宇宙将永远膨胀下去。依据同样的天文观测数据，为什么会有如此截然相反的结果？

实际上，认真分析一下就会发现，对于判断一个孤立引力系统是否会消散，标准模型所给的判据是，这个系统必须是一个黑洞。这个条件太严格了。一个孤立引力系统不消散，并非一定是一个黑洞。只要是引力束缚态，任何孤立系统都不会消散。实际例子非常多：由地球和地面物体、飞鸟、云彩、大气及月亮组成的地球系统，太阳系统，银河系统……黑洞不允许一个光子逃逸。然而，个别光

子是否逃逸与整个引力系统是否会消散并没有必然的联系。正如本小节从能量角度所分析的：引力束缚态的总能量小于它的静止能量，即系统引力势能的绝对值大于系统的动能。随着膨胀，系统的动能会不断减少。当系统动能减少到零，系统各组成部分均处于相对静止状态时，系统引力势能仍不会等于零。也就是说，系统仍然处于引力束缚之中。系统不会消散！

5.3 宇宙从膨胀到收缩的转折

由上一节，我们看到，宇宙是一个束缚系统。也就是说，宇宙势能与其动能之和 $U+K=(M-M_0)c^2$ 是一个负值。

星系退行和宇宙背景辐射两类观测事实表明，我们的宇宙正在膨胀着。这两类观测事实还使多数科学家接受了大爆炸宇宙模型。背景辐射具有高度各向同性，其各向异性仅为 10^{-6} [参考 G. Sironi, et al, New Astronomy, 1998, 3：1]，其频谱分布符合普朗克分布 [参考 S. 温伯格著（张历宁等译）《引力论和宇宙论》，科学出版社，1980：588～614]。这两个基本性质表明，背景辐射是光子平衡态（或者，严格的说，它是光子准平衡态）。再加上宇宙光子总数约为质子总数的 10^{10} 倍的观测事实，表明我们的宇宙是一个引力束缚态 [我们曾在"光散射学报, 1998, 10 (1)：47～49"和"湖南师范大学学报, 1998, 21 (4)：46～50"讨论过这个问题]。另外，根据背景辐射温度、宇宙物质密度、宇宙半径等观测数据，所计算的宇宙总能量亦表明，我们的宇宙是一个引力束缚态。我们曾在"工科物理, 1999 年增刊：26～29"描述了宇宙的收缩过程。在所有粒子的合引力作用下，每一个粒子均各自独立地同步加速奔向宇宙的质心。

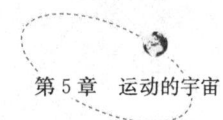

第5章 运动的宇宙

本节打算讨论宇宙从目前的膨胀到将来收缩的转折过程。希望能找到发生这种转折的原因。

和多数讨论宇宙整体运动的文章一样,我们也采用抹平了的宇宙模型。具体地说,就是不考虑形成恒星、星系等局部的运动。在光子平衡态的背景下,氢原子、中子等粒子均匀地分布在宇宙中。由于粒子的相对数极少,不妨形象地叫它做"光子清汤"。

在讨论主题之前,还需要说明,观测到的密度比临界密度小约两个数量级。这说明,我们宇宙的空间基本上是平直的。因此,本节将在平直的三维空间条件下展开。

随着宇宙继续膨胀,背景辐射的温度会进一步降低。当它由目前的 2.725K 降到绝对零度时,宇宙便会转入收缩。理由如下:

(1) 光子平衡态必然膨胀。见本章第一节论述的主要内容。

(2) 从能量转换的角度来看。宇宙膨胀过程是宇宙物质的动能逐渐转化为引力势能的过程。宇宙膨胀到最大时,应该是其动能最小(零)之时。光子平衡态正是宇宙动能形态的主要体现。

(3) 从运动形态上看。大爆炸后,没有与质子脱耦之前,光子数与质子数大致相同。单个粒子与单个光子的平均动能大致相等。这种热平衡态可以形象地叫做"光子浓汤"。宇宙不断膨胀,"光子浓汤"变成了"光子清汤"。宇宙一直处于热平衡态之中。所有粒子和光子均在热运动,系统的熵不等于零。相反,在收缩过程中,所有粒子均同步地奔向质心,是完全有序的运动。系统的熵恒为零。

当宇宙膨胀到 $R=R_{max}$,T 降到了零,背景辐射彻底消失了。各星系不再退行,处于相对静止状态。这样,宇宙将不会进一步膨胀。

在质子之间引力的作用下，宇宙将进入收缩阶段。

让我们具体地算算 R_{max}，有 $R_{max}=0.6GM^2/(M_0-M)c^2$。代入相关数据，可以得到 $R_{max}=2.13\times10^{28}$ 厘米 $=2.13\times10^{10}$ l.y.。

我们看到，宇宙已经处于膨胀的尾声，继续膨胀约 6% 以后，它将不再膨胀。

5.4 宇宙收缩

5.4.1 收缩时间

宇宙膨胀到最大时，背景辐射完全消失。宇宙主要由质子组成。它们处于相对静止状态。那么，它们在自身的引力作用下任何运动呢？让我们来考察其中某一个粒子的运动。设它距离宇宙球球心 r。由整体的球对称分布，我们知道 [参考张邦固著《恒星起源动力学》，科学出版社，1994：6]，整个系统对这个粒子的作用只与以 r 为半径的球内质量有关，而与球外粒子无关。这个合力大小为 $F=GM'm/r^2$，方向指向球心。其中 M' 是球内质量。这里我们先假设，M' 在该粒子运动过程中是一个常量。以后我们还将讨论这个假设。显然，该粒子的加速度为 $d^2r/dt^2=GM'/r^2$。解这个微分方程，便可以得到，初始位于 r_0 的粒子在其他粒子引力作用下运动到中心的时间 $t=(1/2)(3\pi/8G\rho_0)^{1/2}$，其中 ρ_0 为初始时刻系统的质量密度。它与 r_0 及 m 无关。也就是说，所有粒子均同时到达中心。这种同步性保证了我们运算开始时的假设（M' 为常量）的正确性。它还保证了大范围的均匀分布得以维持。

实际上，t 就是宇宙收缩过程所经历的时间。我们来算算它的大小。由上节的数据，有 $\rho_0=3M/4\pi R_{max}^3=2.513\times10^{-31}$ 克/厘米³。于

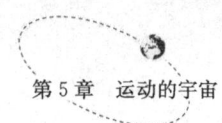

是 $t = 1.3292 \times 10^{11}$ 年。

但是，在上述计算中，我们没有考虑相对论效应。实际上，在粒子运动的后期，其速度已经接近光速。所以必须讨论其影响。

让我们看看，如果将上述步骤只进行到粒子动能占粒子静止能量的 1/10 时，会出现什么情况。

上面已经说过，所有粒子的运动是同步的。一个粒子的动能为其静止能量 1/10 时，系统的总动能也应该是系统总静止能量的 1/10。于是，由总能量公式，我们有 $0.6GM^2/R = (1.1M_0 - M)c^2$，将有关数据代入，得到 $R = 3.675 \times 10^9$ l.y.。与 R_{max} 对比，我们看到，运动历程只剩下 12% 左右。这时粒子的速度由约三分之一光速逐渐接近光速。如果用一半光速来估算，那么，这最后的历程将耗时约 7.35×10^9 年。它只有的 6% 左右。因此，即使考虑相对论修正，t 也没有太大变化。

5.4.2 收缩极限

宇宙会收缩成一个点吗？显然不会。收缩成一个点的说法违反两点常识：一是空间无限小；二是能量无限大，或者说，是质量无限大。

实际上，物理上的无限小和无限大与数学上具有相同名称的概念有本质区别。物理上的是相对而言，比较而言。物理学是一门实验科学。任何物理量都要通过测量来确定。谁见过无限小或无限大？谁测量过无限小或无限大？实际上，科学上从来没有这类记录。

那么，宇宙会收缩到什么程度呢？

问题是，究竟是什么因素阻止了宇宙的收缩？或者说，什么因素造成了下一次大爆炸？

这里的关键因素是,光子平衡态必然膨胀!

所以,宇宙要一直收缩到光子平衡态生成。一旦光子平衡态生成,它就要膨胀。这是它的基本性质。于是,收缩终止,新的一轮膨胀开始了。

让我们来估计一下这个宇宙半径的最小值。

在光子平衡态形成时,众光子均产生于高速运动粒子的碰撞。在平衡态中,单个光子的能量与单个核子的能量相当,下述反应:

$$2\gamma \Leftrightarrow p + \bar{p}$$

$$2\gamma \Leftrightarrow n + \bar{n}$$

$$\vdots$$

频繁发生。上式中的 γ 表示光子,p 表示质子,$\bar{p}$ 表示反质子,n 表示中子,$\bar{n}$ 表示反中子,省略号表示其他粒子对的产生、湮没反应。这时,系统温度极高。粒子都是极端相对论性的,也就是说,粒子都以近光速运动。我们假设,此时核子的能量 10 倍于它的静止质量。而从上面反应看到,包括了光子的粒子数在反应前后是不变的。再注意,目前宇宙中光子数是核子数的约 10^{10} 倍。于是,我们就可以知道,当时系统的动能是系统静止能量的 10^{11} 倍。略去 M 和 M_0(因为相对 U_{max} 和 K_{max} 而言,它们太小了),就得到 $U_{max} + K_{max} = 0$。由势能的表达式便有 $R_{min} = 4.4377 \times 10^{13}$ 厘米。

从另一个角度,由宇宙质量和质子质量,我们可以计算出,宇宙共有约 6.2×10^{78} 个质子。我们还知道,质子的大小约为 1.4×10^{-15} 米。如果宇宙中的质子个挨个儿地挤在一起,那么,其大小就是 1.2×10^{11} 米。

那么多质子从那么远的地方同步地聚在一起,必然会发生剧烈

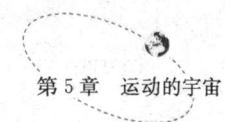

的碰撞，产生光子平衡态。

为了对这个宇宙的最小半径有一个感性的认识，我们把地球到太阳的平均距离列在下面：

1a.u.＝$1.496×10^{13}$厘米。也就是说，它比日地距离还大约三倍！这样的宇宙球怎么会是一个点？

再来看看那时的温度。$T=7.2×10^{15}$K。多么高的高温！

5.4.3 大熔炉

让我们来想象一下，在光子平衡态产生的时刻，在那样的高温下，会发生哪些特殊的事情。首先，造成这种状态的因素有

（1）同时性，众多粒子同时到达宇宙球球心的一个相对小的区域。

（2）粒子数极大。由宇宙总静止质量和质子质量，容易算出宇宙的质子数约为10^{79}个。

（3）粒子动能巨大。由离宇宙球球心约10^{26}米在引力作用下运动到约10^{11}米。巨大引力势能转化而来的动能也是巨大的。单个粒子的动能达到其静止能量的10^{11}倍。

由这些因素造成的光子平衡态所具有的基本性质是均匀性。在那样激烈的碰撞之下，在那样的高温之下，一切星系、一切恒星、一切生物、一切分子、一切原子都将不复存在。只有各种基本粒子及其反粒子，还有光子。这正是我们以前描述过的光子浓汤。

我们曾多次说明，本书是要讨论宇宙整体的运动，忽略局部运动，进而忽略局部的不均匀性。或者说，我们采用的是"抹平了的"宇宙模型。然而，在实际上，星系、恒星、地球的存在，甚至人们自身的存在都说明，宇宙中局部不均匀性是相当明显的。只有到了光子浓汤中，才有真正的均匀性。在这种均匀性中，不仅生物，连

分子原子都不可能存留。因此，任何信息也不可能存留。

5.5 宇宙膨胀过程中的熵

我们看到，宇宙整体的周而复始地膨胀和收缩。在收缩的过程中，每一个成员几乎是独立地、与其他成员同步的奔向中心。它们进行的是非常规则地自由落体运动。显然，这个阶段的宇宙不是一个热力学系统。

一旦光子平衡态生成，宇宙膨胀就开始了。一直到膨胀结束，光子平衡态的特征温度降到绝对零度，光子平衡态才消失。所以，宇宙在整个膨胀过程中，它都处于光子平衡态之中。

现在，我们来算算此过程中宇宙的熵。

我们知道，热力学系统的熵正比于该系统的粒子数。在光子平衡态中，光子数是质子数的约 10^{10} 倍。因此，我们在计算中，可以不计质子的熵，而只计算光子的熵。关于平衡态中光子的熵，我们有［参考王诚泰著《统计物理学》，清华大学出版社，1997：286］$S=(32/45)\pi^5 c^{-3} h^{-3} k^4 T^3 V$，其中的 V 是宇宙总体积。我们有 $(32/45)(\pi^2 R/ch)^3 (kT)^4 = 0.6GM^2/R - (M_0-M)c^2$，上面熵的式子中的 T 用上式消去，我们便得到 $S=8k(2/5)^{1/4}\{(\pi^2/3ch)[GM^2/5-(1/3)(M_0-M)c^2 R]\}^{3/4}$。式子虽然繁琐一些，但是，仍然可以清楚看出，在 $M_0 > M$ 的情况下，系统的熵随着 R 的增大而减少。这个条件是说，系统的总静止质量要大于系统的总质量。这正是束缚系统的条件。前面曾多次论述，我们宇宙是一个束缚态。也就是说，条件是满足的。

在光子平衡态刚刚形成时（图 5.1 中的 t_1），大爆炸开始，宇宙

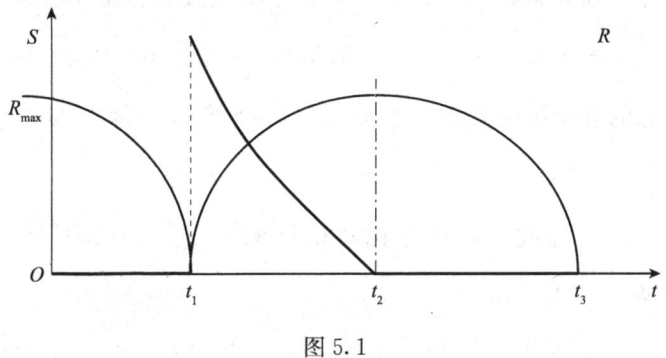

图 5.1

半径 R（上图中细线）最小，系统的熵 S（上图中粗线）最大。随着宇宙的膨胀，半径 R 不断变大，熵 S 不断减少。当宇宙膨胀到了极限 $R=R_{max}$ 时（上图中的 t_2），$T=0$，光子平衡态不再存在，系统的熵降到零。实际上，把 R_{max} 的表达式代入，便有 $S=0$。

随着宇宙膨胀和收缩的震荡，系统的熵的变化曲线如图 5.1 所示。我们看到，这条曲线基本上是光滑的。只在大爆炸时有一个断点，一个突变。这是可以理解的。因为，在大爆炸时，整个系统都发生了突变。系统的一个物理量也发生突变是自然的。

5.6 黑洞的震荡

宇宙的膨胀收缩式运动过程也会在黑洞内部发生。原因是，系统不可能收缩成一个点。在收缩的过程中，由引力势能转化而来的系统动能会越来越大。当它达到系统静止能量的 10^{10} 倍左右时，就会使光子平衡态生成。一旦光子平衡态生成，它就必然膨胀。在膨胀过程中，引力势能不断增加，光子平衡态的温度不断减少。当温度降到绝对零度的时候，下一轮收缩就开始了。

现在，我们来粗略地估计一下有关的数据。

首先，设某黑洞的质量为 M_b，则它的最大半径是〔请参考俞允强著《广义相对论》，北京大学出版社，1987：6〕$R_{max}=GM_b/c^2$。于是，它的静止质量为 $M_{b0}=M_b+GM_b{}^2/c^2R_{max}=2M_b$。最小半径是 $R_{min}=2GM_b{}^2/10^{10}M_{b0}c^2=10^{-10}R_{max}$。

关于最高温度 T，有非相对论性的公式 $(32/45)\pi^6(kT)^4R_{min}{}^3(ch)^{-3}=10^{10}M_{b0}c^2$。

于是 $T=10^{10}k^{-1}[(45/16)\pi^{-6}c^{11}h^3G^{-3}M_b{}^{-2}]^{1/4}$。用非相对论性的公式估计震荡周期，可以得到 $t=(3\pi/8G\rho)^{1/2}$，其中 $\rho=3M_b/4\pi R_{max}{}^3=3c^6/4\pi G^3M_b{}^2$。于是 $t=\pi GM_b/2^{1/2}c^3$。

我们看到，黑洞的震荡周期与它的质量成正比。

为了有一个定量的认识，我们给一个具体的值。例如，让 $M_b=10^9M_\odot=2\times 10^{42}$ 克，则有

$R_{max}=1.445\times 10^{14}$ 厘米，$R_{min}=4.335\times 10^3$ 厘米，$T=1.0835\times 10^{19}$ K，$t=1.1\times 10^4$ 秒。

我们看到，质量约为银河系质量百分之一的黑洞的最大半径只比日地距离大些，它的最小半径只有几十米。特别是，它的最高温度竟比宇宙的最高温度还高。其实，从上面我们看到，最高温度与质量成反比。这件事就不奇怪了。

再有，它的震荡周期只有几个小时。这会不会导致什么可以观察到的效应呢？

当然，上面用了几个非相对论性的公式。应该进行相对论修正。或者，应该用相对论性公式重新做。

还有一个问题。以上计算没有考虑背景辐射的影响。背景辐射是充满整个宇宙的。宇宙中所有黑洞全都浸泡在背景辐射之中。当

黑洞的辐射温度随着它的膨胀而下降到背景辐射温度之下时，背景辐射便要向黑洞辐射传递热量，使得黑洞辐射温度无法进一步降低。这样一来，前面描述的黑洞震荡还能够实现吗？或许，只有在我们宇宙的膨胀阶段结束，背景辐射彻底消失之后，黑洞震荡才能实现。

5.7 孤立系统

目前许多观测都表明，我们宇宙空间是平直的。同时，所观测到的宇宙密度比临界密度小约两个量级。就是说，它不是黑洞。这样，背景辐射就会散失。严格说来，我们宇宙就不再是孤立系统了。

我们来看看，散失有多少。我们宇宙与严格孤立系统有多么大的距离。

1. 计算

我们知道，平衡辐射的能量密度 U（单位时间、单位面积所辐射的能量）与温度 T 的四次方成正比：$U=\sigma T^4$。

它就是斯特潘-玻尔兹曼（Stefan-Boltzmann）定律。

其中常量为 $\sigma=8\pi^5 k^4/15c^2 h^3$。这里的 π 是圆周率。k 是玻尔兹曼常量。c 是光速。h 是普朗克常量。其数值是 $\sigma=5.670\times 10^{-8}$ $Wm^{-2}K^{-4}$。

可以得到辐射功率 $L=\sigma T^4 4\pi R^2$。

宇宙背景辐射满足普朗克分布。由它可以得到背景辐射的能量 $E=(\sigma/c)T^4 4\pi R^3/3$。

背景辐射每秒损失的能量与其总能量的比是 $\gamma=3c/R$。

由 $R=200$ 亿光年 $=2\times 10^{26}$ 米，可以得到 $\gamma=4.5\times 10^{-18}$。

2. 黑洞

黑洞半径为 $R_H = 2GM/c^2 = 1.5082 \times 10^{25}$ 米。

在之前，背景辐射的能量没有逃逸，系统没有损失。比为 $\gamma = 5.9674 \times 10^{-17}$。

3. 影响

上述计算表明，背景辐射的能量损失一直是微不足道的。就是说，我们宇宙与严格孤立系统的差别也是微不足道的。

本节内容是受南开大学物理学院李学潜教授启发而得到的。笔者在此表示感谢。

5.8 大宇宙的图像

前面，我们讨论了宇宙的膨胀和收缩。这是我们宇宙整体运动的情况。本节将讨论更大范围的情形。

为了叙述方便，我们把目前作为一个整体而膨胀着的、温度为 2.725K 的光子平衡态叫做"我们宇宙"。

物理学是一门实验科学，研究的对象是观测到的事物。确实，目前尚未察觉到来自外部的信息。没有充分的理由说，一定存在"外部"。但是，同样没有充分的理由说，一定不存在"外部"！并且，理论上不应该堵死这种可能。再者，与黑洞的情况类比来看，我们就处于许多黑洞的外部，我们宇宙类似一个大黑洞，它也应该有外部。

那么，"外部"应该是什么样的呢？

根据本章有关我们宇宙反复膨胀收缩和黑洞的知识推测。外部应该有许许多多大小不一的"黑洞"。有的物质和光不外泄，像真正的黑洞；有的会泄漏少量的光，像我们宇宙这样的束缚态。在这些黑洞中，或许有的还包含有黑洞，像我们宇宙这样。在这些黑洞之间，或许还有少量星系、恒星。就像我们宇宙中星系际空间有少量恒星那样……或许，我们宇宙和许许多多外部黑洞形成一个更大黑洞。或许像我们宇宙包含 10^{11} 个星系那样，这个大黑洞包含了 10^{11} 个类似于我们宇宙这样的"黑洞"。或许，这个大黑洞的平均密度比我们宇宙的平均密度小六个数量级，就像我们宇宙的平均密度比银河系的平均密度小六个数量级一样。或许，这个大黑洞又是更大黑洞的一分子……

或许，来自外部的光或中微子……已经到达我们身边。随着探测技术的提高，将来或许会发现它们，并证明它们来自外部。

来自外部的光谱应该在我们宇宙的引力作用下紫移。但是，它的光强实在是太弱了……

1. 星星发光的影响

在前面对宇宙整体运动的讨论没有考虑恒星发光的因素。把宇宙看成是由氢分子、氦原子等构成的。这种模型对于从大爆炸到现在宇宙运动的描述基本上是正确的。但是，随着宇宙的进一步膨胀，宇宙微波背景辐射的进一步冷却，恒星发光的影响逐渐大起来了。现在，我们来尝试着探讨这个问题。

根据天文观测的数据和科学的计算〔对有关的更详细情况感兴趣的读者可以阅读美国科学家 S. 温伯格写的专著《引力论和宇宙论》（邹振隆等译，科学出版社，1980）〕，我们知道，背景辐射的总能量比所有恒星发出的总能量约大 100 倍。所以我们说，一直到目前，恒星发光的影响还不是很大的。

不过，物理学理论告诉我们，背景辐射的总能量与它的特征温度的四次方成正比。背景辐射的温度目前是 2.725K。如果它下降到 1K 以下，背景辐射的总能量就与恒星现在发出的总能量相当了。

天文观测告诉我们，目前宇宙中占多数的是氢，约 80%；氦约占 20%；其他元素非常少。这说明，经过了近 200 多亿年的"燃烧"，氢并没有被消耗掉多少。

然而，有一个问题不清楚。恒星发出的光（包括各个波长的电磁辐射）跑到哪里去了？是被背景辐射"消化"了，充实自己了？还是逃离了我们宇宙？还是部分留下，部分逃了？

初步分析，最后一种可能性比较大。因为，恒星光子逃离的过程中必然会与许多背景辐射中的光子相继碰撞，会不断损失它的能量，有可能最终融合在宇宙微波背景辐射中了。但是，不会所有的恒星光子都经历类似的过程。总有一些恒星光子会逃掉。因为我们宇宙不是黑洞，它允许一些光子跑掉。

但是，留下多少？逃掉多少？比例如何？我们不知道。

不过，我们可以根据已经掌握的知识和天文观测资料做一个大致的估计。

如果全部恒星光子都被留下来了，也就是说，这些光子的能量全部融入了背景辐射，如果它们被发射的速度保持不变，那么，背景辐射的温度就会减缓下降。甚至，在一段时间，它会停止下降。宇宙膨胀所需要的能量全部由恒星光子来提供。初步估算，这样将使宇宙膨胀时间延长约 800 亿年。

上面的估计有两个前提。①20% 的氦都是由氢在恒星中"烧"剩下来的；②现存的氢全部都会"烧"完。

然而，我们知道，①恒星演化的最后产物中，氦只占很少一点。所以说，现有 20% 的氦不是来自恒星"燃烧"。大爆炸宇宙论告诉我们，它们来自最初的大爆炸。②很难说，现有的氢都会在恒星中被"燃烧"光。即使是已经在恒星中的氢也只有部分被"燃烧"，而其他的氢都在恒星的各个演化过程中跑掉了。并且，很难说所有的氢都会经历形成恒星的历程。

总之，恒星发光的时间会比上面估计的更长。有人估计，我们宇宙前前后后的恒星发光会持续一太（万亿）年。

如果全部恒星光子都逃掉了，那么，它们对宇宙微波背景辐射温度的下降不会有影响，但是，恒星"燃烧"过程会使我们宇宙的总的静止质量减少，会使宇宙引力减弱，会使宇宙膨胀速度减缓的趋势变慢，使宇宙膨胀停止的时间拖后。实际上，这个因素在恒星光子被全部留下的情况也会起作用。粗略估计，这个因素会使宇宙膨胀时间延长了大约千分之四，约 5 亿年。

2. 黑洞的空间

在许多叙述广义相对论和空间弯曲的书都把黑洞的空间描述为弯曲闭合的。这究竟是什么样的空间呢？让我们用尽量通俗的语言、实际地物理地考察一下。

1）空间弯曲/闭合

在为了使更多的读者方便阅读，我们还是从一维空间说起。

一根铁丝弯曲再弯曲，如果弯曲是均匀的，也就是说，所有弯曲的曲率都是一样的，并且这根铁丝首尾相接，形成一个铁圈。20 世纪 50 年代孩子们的一种游戏是滚铁环。这铁环就是一维空间的弯曲闭合。

二维空间，一张纸，一张铁片，使它只在一个方向均匀弯曲，会形成一个纸筒，一根铁管。让它在所有方向均匀弯曲，形成一个球面，例如，乒乓球就是一个弯曲闭合的二维空间，气球，还有篮球、足球、排球、手球等的球皮或球胆，都是这种空间。这些例子中，乒乓球的弯曲是最均匀的，气球最差，通常的气球都是长圆形的，或者，是鸡蛋形的。它们不太均匀，甚至根本就不均匀。例如地球表面，有高达八千多米的险峻山峰，有深至一万多米的海沟。但是，这些例子都是弯曲闭合的二维空间。那么，它们有什么共同点呢？把一维的也一起考虑，这些弯曲闭合空间的基本性质是什么？

答案是，没有边界。

国家都有边界。界这边是国内，界那边是国外。法国有边界，德国有边界，各个国家都有自己的边界。现在的欧洲正在走向联合。要是它们将来联合成了一个国家，它们之间的边界就不再是国界了。如果我们把眼界放开一点，想一想人类社会，把它作为一个整体，它的边界在哪里呢？它应该包括所有陆地，所有水面，所以冰塬……整个地球表面。它没有边界。见图5.2。作为二维空间，它没有边界。都是内，没有外。

这些例子还有一个共同特征，就是有限。

总起来说，弯曲闭合空间的基本性质是无界有限。

我们没有找到三维弯曲闭合空间的例子。这里的主要原因是，三维空间弯曲是其中物质分布不均匀的广义弯曲。对比一下，上面所列举的一维和二维的例子都是偏离所在维的狭义弯曲。

不过，三维弯曲闭合空间同样具有弯曲闭合空间的基本性质，无界有限。

第 5 章 运动的宇宙

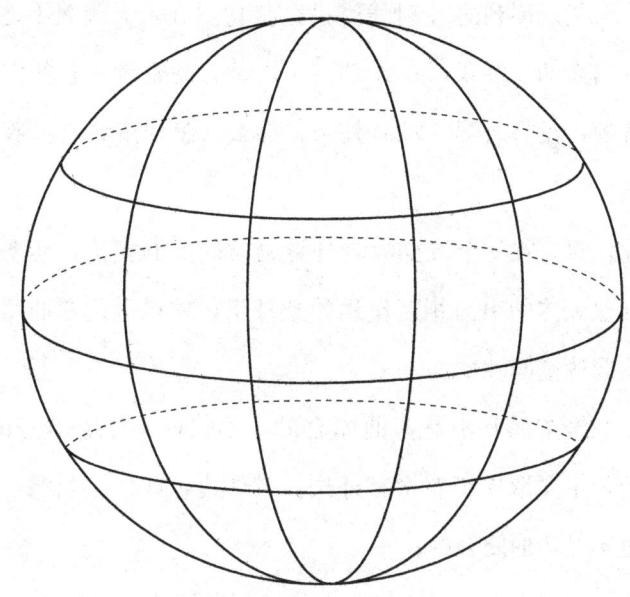

图 5.2 二维弯曲闭合空间

2）无界/内/外

我们现在着重讨论三维弯曲闭合空间。因为它比较抽象，而且，它与本节的主题——黑洞空间有关。

我们知道，黑洞是引力极大的天体，它能把所有物体都吸住，甚至连光都不能逃脱。正因为它有这种特性，人们便用弯曲闭合来描述它的空间。弯曲闭合空间无界，没有外边，内部的物体自然跑不出去。

但是，实际情况怎么样呢？天文观测到的黑洞，例如天鹅 X-1，其空间是弯曲闭合的吗？它没有边界？没有外边？答案显然是否定的。地球、太阳系，就在它的外边。在我们看来，它的空间不是闭合的，是有边界的。那么，在天鹅 X-1 里面来看，能不能用闭合空间呢？回答依然是否定的。我们知道，天鹅 X-1 吸收了大量其周围

的物质。天文观测到的 X 射线就是这些物质进入天鹅 X-1 之前被加速时所发出来的。如果,在天鹅 X-1 内部,观察者把它的空间当做弯曲闭合的,没有边界,没有外边,那么,怎样解释这些吸收进去的物质呢?

因此,只有在一个极少吸收外界物质的黑洞内部,还要在忽略了它与其他天体的引力相互作用的条件下,才可以用弯曲闭合空间描述该黑洞的空间性质。

一个三维空间是不是弯曲闭合的,不仅取决于它本身的物质,更重要的,主要取决于有没有外边。有外边,即使是黑洞,原则上其空间也不是弯曲闭合的。

理论上,从前面介绍的施瓦氏黑洞(参见《空间奥秘》,清华大学出版社,2008)看到,它的空间非常弯曲,但也不是闭合的。

3) 广义相对论方程

在广义相对论方程中,我们已经看到,其空间的范围原则上是所有存在物质的区域。

讨论具体问题时,可以忽略影响小的区域。例如,在星光的引力弯曲观测中,只考虑太阳附近的空间弯曲就可以得到比较好的结果。

但是,在涉及弯曲闭合空间时,原则上一定计及所有物质。在没有确切的证据表明不存在外边时,一定要慎用弯曲闭合空间。

3. 我们宇宙过去的弯曲闭合与现在的平直

根据广义相对论,判断一个天体是不是黑洞的依据是 $2GM/Rc^2 > 1$;其中,G 是引力常量,M 是该天体的质量,R 是它的半径,c 是光速。

第5章 运动的宇宙

将前面得到的关于我们宇宙的相关数据代进去，很容易得到，判断我们宇宙的这个量目前大约等于 0.075。它远小于 1。

但是，决定这个量的因素中，引力常量和光速都是常量。我们宇宙的质量也不变，而在宇宙的膨胀过程中，它的半径是从很小开始不断变大的。这样，在我们宇宙膨胀到其半径只有目前的大约 1/14 之前，那个量会大于 1。也就是说，在那时之前，我们宇宙都是一个黑洞。在那时之后，我们宇宙就不再是黑洞了。

如果一定要把黑洞与弯曲闭合的空间联系在一起，那么，不但难以理解我们宇宙中的许多小黑洞，也不好理解我们宇宙这个过去的黑洞。

大家知道，我们宇宙现在的空间是平直的，许多现代观测都不断表明这一点。显然，平直的空间是不能局限在我们宇宙这个光子平衡态里的。它应该延伸到我们宇宙之外。

弯曲闭合空间与平直空间的差别是非常大的。例如，一维空间，平直的一维空间是一根两端都不见头儿的直线，弯曲闭合的一维空间是一个圆环；平直的二维空间是一张四面不见边儿的平面，弯曲闭合的二维空间是一个球面。

这样两种性质非常不同的空间如何转化呢？在弯曲闭合空间向平直空间转化之时，它要展开。向哪儿展开？向原来不存在的地方展开？

4. 空间与物质

世界上诸多加速器相关的许多实验以及与相对论相关的许多观测和实验都说明，空间是物质的一种性质，空间离不开物质。

观测得到的我们宇宙空间的平直性质表明，在我们宇宙光子平衡态之外还有空间。那么，在这个外边就应该还有物质。

5. 大红移天体

在由哈勃关系我们知道，距离我们越远的天体离开我们的速度越大。多普勒效应告诉我们，天体离开的速度越大，它的光谱线的红移量就越大。把这两件事联系起来就是，天体光谱线的红移量越大，它距离我们就越远。这样，人们探索宇宙有多么大的努力就集中在寻找大红移量的天体上了。所以，这一直是天文观测的重要目的之一。20世纪20年代，哈勃提出以他的名字命名的关系时，最大的红移量只有大约1/300。到了70年代，它是3.7。进入21世纪，它已经超过了6。

如何认识这些观测事实，是值得我们关注的。

1) 线性关系

哈勃关系叙述的是天体的距离与速度之间的线性关系。但是，它是一个经验公式。就是说，它是哈勃当年由几十组观测数据总结出来的。原则上，一个经验公式在更大范围内是否适用的问题是要靠实践或者实验来决定的。事实上，几十年来大量的观测数据表明，当红移量超过0.3以后，就必须对线性的哈勃关系进行修正。

这是一个线性关系。

另一个线性关系是由多普勒效应体现出来的。它是在波源速度远小于光速的情况下才成立的。也就是说，当红移量超过0.1左右，就应该采用相应的相对论公式了。

如果硬把前面的线性关系用于大红移天体，就会出现"超光速"等怪结论了。

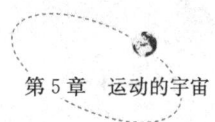

2) 引力红移

我们这里只讨论天体光谱线红移量与它离开我们速度之间的关系。

如果认为这红移量主要是多普勒效应造成的，那么，采用相应的相对论公式，可以得到如下结果：红移量为 1 的天体以 60％的光速离开我们，红移量为 3 的天体速度为 90％光速，红移量为 6 的天体有 96％的光速。

真的有以近光速离开我们的天体吗？

我们认为，大红移量来自天体自身的引力红移的可能性比较大。假如这些光来自黑洞的边缘，那么，它们的大红移量就一点也不奇怪了。

6. 对我们宇宙大小的推测

我们知道，氢分子的电离能是 4.45 电子伏特，这意味着，当大爆炸之后背景辐射的温度降低到 20 000K 以下，大部分背景辐射的光子都不能把氢分子电离。从那时到现在背景辐射的 2.725K，温度下降了近 7000 倍。由于膨胀，我们宇宙的引力使得背景辐射的特征光子波长红移了近 7000 倍。其中的关系是这样建立起来的：光子波长 λ 反比于它的频率 ν，$\lambda = c/\nu$，频率正比于能量，$E = h\nu$，特征光子能量正比于温度，$E = kT$，所以有 $\lambda = ch/kT$。这里的 c、h、k 都是常量，于是，当温度降低了 7000 倍，特征光子波长变长了 7000 倍。

对比之下，最大的星光红移也没有超过 10。

这充分说明，最远天体发出的光也没有经历大部分宇宙膨胀。

前面，在对称假设的基础上，我们计算了"宇宙年龄"，950 亿

年,并且认为,我们宇宙的恒星大约起源于200亿年前。

近几十年,各种技术飞速发展。然而,最远天体的探测却一直进展不大。这似乎印证了我们的上述想法。

在此基础上,我们在这里想进一步提出一个猜想:我们宇宙要大于200亿光年。

主要的根据是,第一,宇宙膨胀了950亿年时间,却只膨胀了200亿光年距离,这两个数据之间似乎没有什么必然联系。第二,我们观测到最远星系的距离是200亿年之前该星系到这里的距离,而在这200亿年中,它一直不停地在远离我们而去,所以,它现在距离我们一定超过200亿光年。第三,根据已经了解的天文知识,地球围绕太阳转,太阳围绕着银心转,银河系向着室女座方向以每秒几百公里的速度运动,等等,也就是说,我们不是位于地球中心,也不是位于太阳系中心、银河系中心、本星系群中心。我们处于宇宙中心的可能性几乎没有。这样,如果我们宇宙只有200亿光年,见图5.3,其中,以P为心的虚线球代表我们宇宙,也就是背景辐射这个光子平衡态,或者说是包含了氢分子、星星、星系等作料儿的光子清汤。以O为心的实线球代表距离我们200亿光年的空间。实线球中一部分空间不在虚线球之中。这部分空间中不会有星星或星系。那么,在半径为200亿光年的三维立体(实线)球中,我们接收到最远天体的分布就不会是各向同性的。但是,天文观测并不支持这种看法。

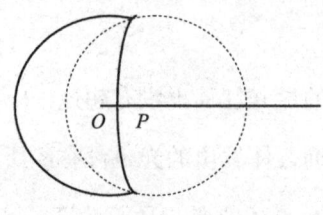

图 5.3

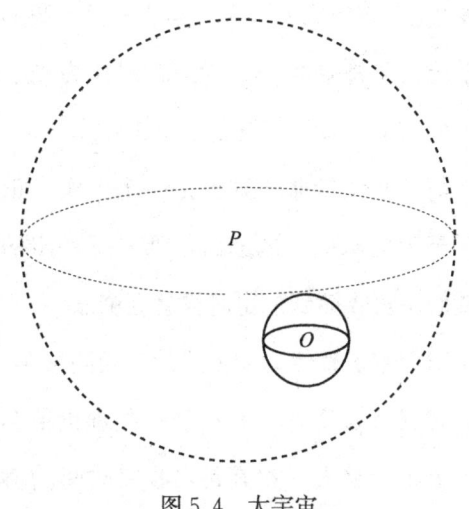

图 5.4　大宇宙

只有在如图 5.4 所示的情况下，也就是我们所观测到的 200 亿光年的实线球完全被包含在我们宇宙的虚线球之中，星系分布高度各向同性的观测事实才能得到合理的解释。

那么，我们宇宙究竟有多么大？似乎没有什么观测资料可以提供答案。它可能是 300 亿光年、400 亿光年、500 亿光年……

5.9　小结

本章所描述的理论与目前观测到的宇宙质子密度 ρ_h 有很密切的关系。

随着观测技术的提高，ρ_h 值会发生变化。不过，看来 ρ_h 变小并且变化量很大的可能性不大。随着暗物质（例如黑洞）的不断发现，或许 ρ_h 会变大。这样，宇宙总静止质量 M_0 变大，总质量 M 也变大，它们之差 $M_0 - M$ 也会变大。但是，大局不会变。即，我们宇宙膨胀收缩的整体运动模式不会变。

决定这种模式的是两个观测事实：

（1）ρ_h足够大，以致于$M<M_0$。也就是说，我们宇宙是一个束缚态。这样，系统迟早都要收缩。背景辐射作为光子平衡态的存在从另一个方面也说明了，我们宇宙是一个束缚态。

（2）光子平衡态必然膨胀。这也是一个事实。正如本章第一节所分析的那样。至于更深层次的原因，那是下一步的科学课题。这个事实保证了我们宇宙收缩到一定时候就会膨胀。

总之，决定我们宇宙整体运动模式的是观测事实，而不是理论。

当然，随着观测值ρ_h变化，本章的一些理论值会有所变化。并且，相对论修正也越来越大。尤其是，收缩时间的值会发生较大的变化。

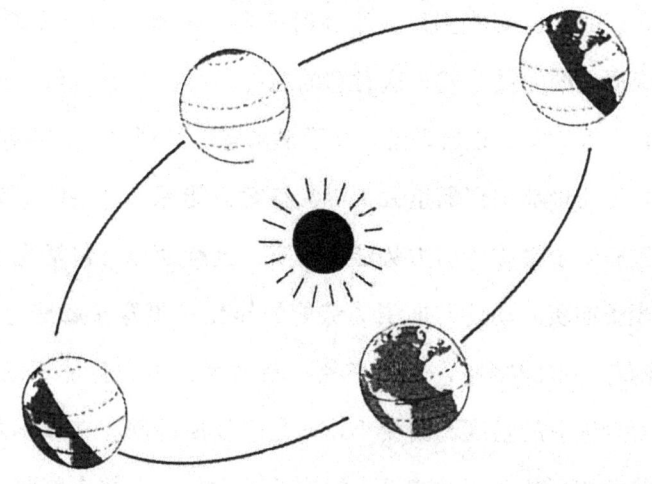

第 6 章

对人类的挑战

前几章描述了整个宇宙的膨胀和收缩交替出现的运动。本章探讨与人类关系较大的一些问题。

6.1 我们宇宙还要膨胀多久?

上一章告诉我们,最大宇宙半径与宇宙目前的半径之间的关系是 $R_{max}=1.065R$。

也就是说,宇宙再膨胀约 6.5%,它就要转入收缩。那么,这剩下的膨胀要用多少时间呢?直接讨论有困难。因为宇宙膨胀的减速机制比较复杂。除了非光子粒子的减速膨胀,还有光子平衡态的减速膨胀和降温。两者之间还密切相关。

关于两者是否密切相关,我们只要考虑如下事情就会明白:当我们的宇宙膨胀到最大半径时,光子平衡态的温度降到绝对温度。根据它的能量公式,这时它的总能量等于零。自然,这时它的总质量也等于零。也就是说,光子平衡态已经消失了,不存在了。那么,它的能量都跑到那里去了呢?答案只能是,这些能量都变成了星系等非光子物质的引力势能。其实,这种动能(包括光子的能量和非光子物质的动能)向引力势能的转化是贯穿于膨胀过程的始终的。随着宇宙的膨胀,它的半径不断增大,引力势能不断增大;同时,背景辐射的温度不断变小,非光子物质的膨胀速度不断变小,系统的动能不断变小。这里,问题的关键是,在整个膨胀过程中,背景辐射的能量不断地转化为非光子物质的势能;然而,具体的转化机制却不是十分清楚的。

我们回到还要膨胀多长时间的问题上来。由于膨胀过程较为复杂,我们换一种方式来考虑问题。

6.1.1 对称假设

由上一章可以看到,收缩与膨胀两种过程有如下差别:

(1) 运动形态方面,膨胀过程中的宇宙基本上处于平衡态之中[我们在"湖南师范大学学报,1998,21(4):46"讨论过这个问题],无规则热运动占主导地位;收缩过程中,所有粒子均自由落体向质心,完全是有序运动。

(2) 能量转换方面,膨胀过程中,包括背景辐射能的系统动能逐渐转化为系统的引力势能;收缩过程中,系统的引力势能逐渐转化为粒子的动能。

(3) 动能的形式方面,膨胀过程中,系统的动能包括背景辐射能和粒子的动能,并且,以前者为主;收缩过程中,只有粒子的动能。

两种过程有如下共同点:

(1) 引力是系统中占主导的相互作用。

(2) 系统始终保持球对称性。

总的来说,从动力学角度来看,共同点是主要的,不同是次要的;从运动形态上看,差别是主要的,只有在膨胀过程中,系统的熵才不等于零。

基于两种过程共同的动力学,我们假设,系统膨胀的减速过程是系统收缩的加速过程之逆过程。或者说,膨胀和收缩过程在上面的宇宙半径与时间图上是对称的。

6.1.2 剩下的膨胀时间

收缩过程的动力学是简单的,一个粒子的运动可以代表系统的运动。取一个处于系统边缘 R_{max} 的粒子,设它的质量 m,这时它的引力势能是 $U_0=-GMm/R_{max}$,其中 M 是上一章计算出来的宇宙的总质量 $M=1.017\times10^{55}$ 克。

当收缩到 R 时,它的势能是 $U=-GMm/R$。

势能的减少应该等于它的动能的增加 $(1/2)\, mv^2=-GMm/R_{max}+GMm/R$。

于是,它的速度为 $v=[2GM(R^{-1}-R_{max}^{-1})]^{1/2}$。

再做一个积分,就可以得到收缩到 R 所需要的时间 $t=(R_{max}/2GM)^{1/2}\{R_{max}\arccos(R/R_{max})^{1/2}+[R(R_{max}-R)]^{1/2}\}$。

注意,这个 R 等于现在的宇宙半径。将有关数据代入,$t=3.8\times10^{10}$ 年。

上式给出的 t 就是宇宙从最大收缩到现在这么大所需要的时间,

也就是图 6.1 中的 $(t_p'-t_z/2)$。根据对称假设，图中的 $(t_p'-t_z/2)$ 和 $(t_z/2-t_p)$ 是相等的。这就是说，我们的宇宙还将膨胀 380 亿年，便会转入收缩。这个结果与某些作者的相似［参考 J. N. Islam. The Ultimate Fate of the Universe. Cambridge University Press. 1983，Chapter 12.］。

6.1.3 宇宙年龄

从图 6.1 还可以看出 $t_p=t_z/2-t=9.5\times10^{10}$ 年。

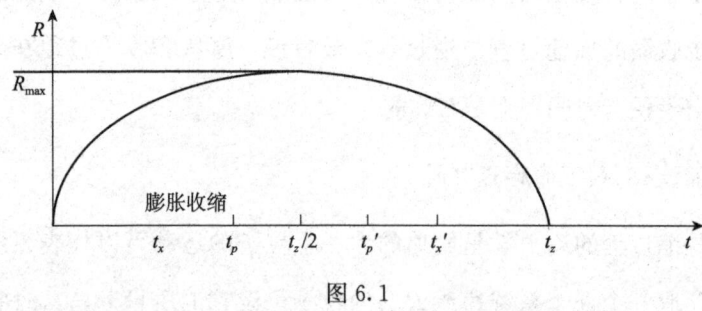

图 6.1

这是从大爆炸到现在的时间，也就是许多书上说的"宇宙年龄"。这里的 950 亿年与一些作者估计的 120～200 亿年相差很大。对此，特作下面的讨论：

(1) 目前所观测到的星系的最远距离为 120～180 亿光年。如果宇宙年龄只有 180 亿年，则意味着宇宙始终以光速 c 膨胀。在早期，宇宙以光速 c 膨胀是自然的。然而，在引力作用这么长时间之后的现在，宇宙仍以光速膨胀是不可思议的。在经历了同样的减速过程之后，背景辐射的温度从几千 K 降到现在的 2.725K，接近了绝对零度。在绝对零度，任何粒子（包括恒星、星系……）的膨胀速度均应该是零。在接近终点的现在，宇宙怎么可能仍旧以光速膨胀呢？

第6章 对人类的挑战

(2) 某些作者估计宇宙年龄的方法是，星系到我们的距离是 r，其退行速度是 v，如果运动是匀速的，则时间是 $t=r/v$。根据哈勃关系 $v=H_0 r$，便得到 $t=H_0^{-1}$。而哈勃定律是普遍的，所以星系的退行时间都是 H_0^{-1}。事实上，退行是减速的，这样，由 H_0^{-1} 估计的宇宙年龄应该是上限。但是，这种估计忽视了一个重要的事实，即，哈勃定律中的 r 和 v 都是通过来自星系的光而测量的。这光线来自 r/c 之前的星系。也就是说，r 和 v 分别是星系 r/c 前的位置和速度。不是星系现在的位置和速度。因此，用 H_0^{-1} 顶多只能估计星系退行时间的数量级，它不可能是星系退行时间的上限，更不可能是宇宙年龄的上限。

(3) 星系的退行时间是否就是宇宙年龄？换句话说，星系是否形成于宇宙的早期，10亿年之内？关于这个问题，请注意下述事实。从与氢原子的退耦算起，背景辐射的红移也有上千倍。并且，它完全来自宇宙膨胀。然而，目前观测到的最大的星系红移也只有10左右。并且，它主要来自多普勒效应，其中来自宇宙膨胀的部分很小。这个事实表明，来自最远星系的光子也没有经历大部分宇宙膨胀过程。

让我们来具体地算一算180亿年前的星光所应该具有的膨胀红移。参看图6.1，让 $t_x-t_p'=1.8\times10^{10}$ 年。这样，$t_x-t_z/2=5.6\times10^{10}$ 年。

算出相应的宇宙半径为 $R_x=R_{max}/1.17=1.825\times10^{10}$ l.y.。

于是，相应的膨胀红移为 $z=(R_p-R_x)/R_p=0.09$。

确实，我们观测到的最远的星光所承受的宇宙膨胀红移也是非常小的，与其他因素（如多普勒效应）造成的红移相比，几乎可以忽略。

(4) 大爆炸之后很长一段时间，恒星、星系等才逐渐形成。这种分析与早期恒星形成的理论［参考《恒星起源动力学》，科学出版社，1994：208］是一致的。刚刚与背景辐射退耦，粒子分布仍旧是均匀的。恒星形成要求有大的（比如，半径大于 10 光年）孤立气团，并且，其中心密度应大于宇宙平均密度的两倍［我们在"高能物理与核物理，1993，17(9)：803"讨论过这个问题］。这些条件又只能靠统计涨落及膨胀的不均匀来达到。而如此小概率事件的实现只能靠很长的时间积累。

综上所述，关于"宇宙年龄"，950 亿年似乎比 120～180 亿年更接近观测事实。

6.2 太阳晚期

从上一节看到，在长达千亿年的时间内，宇宙的整体运动不会对人类的生存造成威胁。

然而，一个不可挽回的灾难来自太阳系本身，宇宙的一个小角落。根据科学家的估计，目前太阳的燃料——氢已经用掉了一半。那么，再过 45 亿年，人类就要面临太阳的燃料烧完前后的种种灾难。

6.2.1 能源

在太阳的燃料临近耗尽之前，所发出的光和热会越来越少。人类便要设法耐过一个比一个更加寒冷更加漫长的冬天……可以想到，地球上的石油、煤等矿物能源用不了多长时间（相对"亿年"这样的时间而言）。水力、风力等归根结底也是太阳能。在太阳能本身都要耗尽之际，这些二次太阳能也是不能指望的。

一个可以指望的是原子能。并且，就供给如此众多的人们的需求而言，裂变能是不够的。必须开发聚变原子能。也就是说，要在人类的随意地控制下实现目前太阳中进行的反应。现在，人类还没有掌握这项技术。不过，有理由相信，随着科学技术的进步，人类会克服相关的困难。问题是，地球上的核聚变燃料——氢够人类用多长时间？我们就此问题进行一些粗略的估计。

1. 地球上的水

地球上含氢最多的就是水。所以首先来估计，地球上有多少水？作为粗略的估计，让我们设海洋平均深 1 千米。于是，海水的总质量大约是 $M_水 = 4\pi R^2 h (2/3) = 3.4 \times 10^{23}$ 克。

上式中的地球半径 R 取为 6400 千米。式中的 2/3 源于下述事实：海洋约占地球表面积的 2/3。

2. 可能提供的能量

大家都知道，水的分子式是 H_2O，氧的原子量是 16。这样，海水所含的氢的总质量约为 $M_氢 = M_水 \times 2/18 \approx 3.7 \times 10^{22}$ 克。

简略地说，恒星（包括太阳）中进行的反应是 $4H \rightarrow He + K$。式中的 K 就是人们可能从这个反应中利用的动能。它等于 $K = (4m_H - m_{He})c^2$，式中 m_H 和 m_{He} 分别是氢核与氦核的质量。可以从有关的表［参考 Б. В. 史包尔斯基著（卢鹤绂等译），《原子物理学》，二卷二分册：808］上查到 $m_H = 1.6726485 \times 10^{-24}$ 克，$m_{He} = 6.644 \times 10^{-24}$ 克。

于是有 $K = 4.1925 \times 10^{-12}$ 焦耳。

海水中的氢可能提供的能量约为 $E_H = M_氢 K / 4m_H = 3.063 \times 10^{34}$ 焦耳。

3. 地球生物圈的消耗

这个数据似乎太不着边际了。不过，我们可以这样来近似估计。首先，根据太阳的辐射功率［参考 C. 萨根等著（张钰哲等译），《太阳系》，科学出版社，第 27 页］$P_{太}=10^{26}$ 焦耳/秒。

这些能量要分散所有方向上，也就是说，在 4π 立体角内。在地球附近，太阳辐射功率的密度是 $S_{地}=P_{太}/\pi R_{日地}^2 \approx 1000$ 焦耳/（秒米²）。

地球接收到的太阳辐射功率是 $P_{地}=S_{地}\pi R_{地}^2 \approx 2\times 10^{17}$ 焦耳/秒。

如果设生物圈利用太阳能的效率为 10%，则就是说，生物圈每秒消耗的能量是 $E=2\times 10^{16}$ 焦耳。

这样，海水可以提供的聚变能会使地球生物圈生存 $t=E_{氢}/E\approx 2\times 10^{18}$ 秒 $\approx 6\times 10^{10}$ 年。

4. 人类的最低消耗

让我们这样来估计。一个人一天正常要消耗三兆卡，约合 1.2×10^7 焦耳/天。全世界约有 50 亿人，消耗 6×10^{16} 焦耳/天。于是，海水所能够提供的聚变能可以使人类生存 $t'=1.37\times 10^{15}$ 年。

看来，只要掌握了可以控制地利用氢核聚变的能量，海水就可以源源不断地向人类提供所需要的能量。

不过，在太阳晚期，人类还会面临另一个难题。

6.2.2 太阳火

太阳晚期要经历巨星阶段。也就是说，它的半径会膨胀。根据科学家的推算，太阳会膨胀得把地球运动轨道全都包进去。那时的太阳不会像今天这样热，但也是一团火焰。地球表面上的任何生命都难以直接面对这种长时间的大面积的上千摄氏度的高温。

对于这样一场太阳火，人们躲进千米以下的地下或许是一个办法。

人们需要对太阳后期演化做更多更细致地研究，更准确地了解将会出现什么情况。然后，有针对性地在地面、地下做精确细致的实验，以求万无一失。

躲进地下不仅是避开"太阳火"的一个办法，而且，对于节约能源来说，也是好方法。或许，人类生存的主要场所应该逐渐转移到地下。

6.2.3 大搬家

替代躲进地下的一个办法是人类大迁移。具体地说，寻找一颗条件与地球基本相同的行星。这里的条件包括，它到它的恒星的距离适当，以便既有充足的能源供给，又不太热；它以适当的周期自转，这样，其表面温度比较均匀，以便有更多的面积用于较多的人类生存；它有表面大气，成分与地球大气相差不多，尤其不能含有太多的氯气等有毒气体；它的表面应该比较均匀地分布有充足的水源……找到条件适合的星球以后，再把人搬过去。

这个大搬家非比寻常。主要是距离非常非常遥远。离我们太阳最近的恒星的距离都远到 4 光年左右。即使这颗最近的恒星有与地球条件相似的行星，再假设将来的宇宙飞船的速度可以接近光速，那也要 4 年多时间。这么长时间，人们的吃、喝、保健可不是一件简单的事情。

另外，按照自然规律，在适合人类生存的星球上，也会进化繁衍出许多生物。届时如何相互沟通、和平共处也是摆在人类面前的一个难题。

无论如何，大搬家也是应付太阳死亡的主要办法。人类最有利

的条件是时间。我们还有四五十亿年的时间。这么长的时间中,人类一定会找到"新家"。而且,可以断定,人类会找到许多新家。

6.3 宇宙间的流浪

在本章第一节,我们已经估算了,大约再过四五百亿年,宇宙膨胀就会逐渐停止。接着,宇宙就要转入收缩期。届时,我们宇宙中的一切物体,已经不发光的太阳、所有形式的恒星、行星、卫星、彗星、尘埃、气体……都将毫无例外地向我们宇宙的质心收缩。大约收缩一千亿年,我们宇宙的半径会变得像目前的一半那样小,所有物体奔向质心的速度已经达到光速的0.8倍了。之后,所有物体都将更快地奔向质心。不久,速度便与光速相差无几,这时,想要改变大自然的安排已经太晚了。接下去,必然会出现的情景就是,众多的物体(恒星、行星……)撞到一起、挤在一块,在极大的压力下,不仅星球不再存在,连分子、原子也会被挤碎。生命更不待说,早已经完结。宇宙收缩到最小半径,激发了又一个光子平衡态。宇宙进入了下一轮膨胀。在我们上一章已经描述过的光子浓汤中,不存在任何分子、原子,处处的物理特性全都相同。可以想象,经过这一场大变革,不仅生命无法度过,就连信息都不可能留传。

因此,人类要躲过这场灾难,最晚也要在宇宙半径收缩到一半之前采取措施。那么,有没有办法呢?有理由相信,在长达一千四百多亿年的时间里,聪明的人类一定能想出办法来。笔者在这里提出一个初步的方案。就是,向我们的大地母亲学习。太阳不是以极大的力量(达 5×10^{33} 牛)在拉地球吗?但是,地球并没有被拉向太阳。地球的办法是,绕太阳旋转。我们人类也可以设法绕宇宙的质

心旋转。就可以避免被巨大的引力拉入下一次大爆炸之中了。当大爆炸发生时，人类位于距之一百亿光年的地方遨游，想必不会受到伤害。

当然，这个方案的基本前提是，我们的宇宙只是一个引力束缚态，不是一个黑洞。这是目前天文观测的结果。然而，如果将来观测到新的数据，表明我们的宇宙是一个黑洞。那么，一切毁灭的命运就是不可避免的了。在上述前提成立的条件下，仍有许多困难。下面几节就将现在能想到的做一个初步的探讨。

6.4 宇心的方位

想要绕宇宙质心（仿照球心、地心、银心，以后简称为宇心）旋转，需要弄清楚宇心在什么地方。首先弄清宇心在哪个方向，其次再弄清宇心离我们有多远。

6.4.1 相对于背景辐射的运动

1977年 R. A. 米勒（Muller）和他的同事们发现，在室女座方向上，背景辐射的温度稍高一些（大约 $1/300℃$），而在相反方向上，温度低同样的值。运用前面介绍过的有关光的多普勒效应的知识，就可以知道，这意味着，地球相对于背景辐射向着室女座方向运动，并且，速度是每秒约 400 千米。

然而，我们知道，地球处于多重局部（相对于宇宙膨胀而言）运动之中。首先，地球在自转；其次，地球在绕太阳旋转；最后，地球和太阳一起绕银心旋转……考虑到上述三种局部运动以后，可以得出，银心以每秒约 600 千米的速度向着室女座方向相对于背景辐射运动［参考 C. 萨根著（周秋麟等译），《宇宙》，吉林人民出版

社,1998:263]。

我们还知道,星系也成群,银河系便属于由 17 个星系组成的本星系群。在这个星系群中,最大的星系是仙女座星系。它的质量估计为 4×10^{11} 个太阳质量。也就是说,大约相当于两个银河系。仙女座星系离我们 220 万光年。银河系是老二。其他星系都是小兄弟,排老四的大麦哲伦星系的质量只有银河系的 1/10。如果忽略这些小兄弟,而认为银河系与仙女座星系在绕它们的质心旋转,那么,容易估计,银心的旋转速度约为每秒 50 千米。但是,尚不知道这个速度的方向……

我们已经知道,在膨胀过程中,宇宙一直处于平衡态之中。当然,这是指整体运动。这个平衡态就是背景辐射。背景辐射本身也在膨胀当中。目前的膨胀速度大约是 $v=0.07c=21\,000$ 千米/秒。

在均匀分布的宇宙球之中,当光子从中心向四周运动时,要反抗系统的引力,它的频率会变小;相应的,温度会便低。也就是说,宇宙光子平衡态应该是分层均匀的,中心温度较高,周围温度较低。

那么,为什么科学家在地球上接收到的背景辐射是各向同性的呢?这是因为,来自外层的光子虽然原来温度较低,但是,当它向内层运动时,系统引力会对它做功,它的动能便要增加,其温度就会增加得与其他方向的一样了。来自内层温度较高的光子亦会降低其温度。

弄清楚背景辐射的分层性质,意义十分巨大。然而,有什么办法?

6.4.2 宇宙引力频移

一个粒子在引力场中运动,如果是引力场做功,则粒子的引力势能会减少，动能会增加，其总和保持不变。这是初中物理中就学习过的能量守恒定律。用公式写出来，是 $\varepsilon = u + K + m_0 c^2$，其中，我们加上了静止能量 $m_0 c^2$。于是，上式左边的就变成粒子的总能量了 mc^2。上式中的 u 是粒子的引力势能。在均匀分布和球对称的情况下，它是 $u = -G2\pi\rho mR^2 + G(2\pi/3)\rho mr^2$，其中，$G$ 是引力常量，ρ 是宇宙密度，R 是宇宙半径，r 是粒子至宇宙中心的距离。

K 就是粒子的动能。对于光子来说 $K = h\nu$，$m_0 = 0$。

当光子从 r_1 处运动到 r_2 处时，它的频率由 v_1 变为 v_2，它们的比是

$$(v_1 - v_2)/v_2 = G\rho(2\pi/3c^2)(r_1 + r_2)(r_2 - r_1)/$$
$$[1 + (2\pi/c^2)G\rho R^2 - (2\pi/3c^2)G\rho r_2^2]。$$

令 $r_1 = 0$，$r_2 = R$，就可以得到 $(v_0 - v_R)/v_R = 0.018$。

由于光子的频率正比于它的能量，而光子的平均能量正比于状态的温度，所以，宇宙中心处的温度仅比边缘处的温度高 1.8%。如果要测量银河大小的距离上温度的变化，则可以设 $r_1 = 0$，$r_2 = 10^5$ 光年。于是 $(v_1 - v_2)/v_2 = 4.87 \times 10^{-13}$。

已经快达到人们目前测量精度的极限。可见，欲通过背景辐射的分层性质来弄清宇宙中心的方位，难度相当大。

另外，精确测量从各个恒星上发出光的特征谱线的频移，根据三个以上数据以及相关恒星的位置，便可以计算出宇宙中心的方向和位置。

但是，在实际操作中，引力场在小范围内的不均匀性不可忽略。比如，地球会对远方到达的光子贡献约 10^{-9} 的紫移；太阳会对远方到达地球表面的光子贡献约 10^{-8} 的紫移；一颗（质量和大小）类似

太阳的恒星会对它所发出的光贡献 10^{-6} 的红移。而对于距地球 10 万光年的恒星，宇宙引力频移只有 10^{-9} 量级。而且，对光线频移有不可忽略影响的，还有多普勒效应、银河系的影响等。总之，直接测量恒星光谱的频移，目前还很难从中找出我们需要的数据来。

将来，人们把有关的数据测量得足够精确了，就可以把宇宙引力频移清理出来。容易看到，这当中的难点是，发光处的数据（恒星的质量、速度的大小和方向等）不容易测量精确。或许，待人类在其他星球上建立了新家园之后，这个工作才能够完成。

由于频率的测量精度很高，目前已经达到 10^{-15}。因此，只要相距 1 光年以上，两点之间的宇宙引力频移就应该是可以测量的了。于是，可以设计这样一个实验：向不同的三个方向发射飞船，让它们每间隔 1 光年就发射一个约定的频率信号。由于飞船的距离和速度可以足够精确的了解。所以能够比较准确地获取宇宙中心的信息。

6.4.3 观测

一些相关的天文观测列出。

银河系所在的本星系群是松散的，有 17 个成员，分布在以银河系为中心的三百万光年的空间，见图 1.8。其中，最主要的是仙女座大星云（M31）和银河系。它们可能是一对相互绕转的双星系。它相对银河系的速度是 119 千米/秒。

靠近本星系群，大约还有 20 个小星系群，每个群的成员数目从几个到几十个，都是松散的。

离银河系最近的星系团是室女座（Virgo）星系团。其距离大约是 5×10^7 光年。成员超过 2000 个。范围是大约 9×10^6 光年。

另一个近的星系团是后发座（Coma）星系团。距离约 3×10^8 光年。成员约一万多。范围约 2×10^7 光年。

由光谱红移推算出，室女座退行速度大约是 1200 千米/秒。

在精度不断提高的测量过程中，人们发现，在朝着室女星座的方向上，背景辐射有大约 0.1‰ 的紫移，或者说，其特征温度约高 0.003K；而在相反的方向上有约同样大小的红移，或者说，其特征温度约低 0.003K。很自然，人们将它们归结于地球在背景辐射中的运动所造成的多普勒效应。由此可以算出地球相对背景辐射的速度。把地球相对太阳及太阳相对银河系中心的运动考虑进去，可以算出，银心正朝着室女星座方向以 600km/s 的速度相对背景辐射运动。

近年来，相对背景辐射的运动被测量得更精确了。可以从网上查到，我们相对背景辐射的速度指向赤经 11.3 ± 0.1、赤纬 4 ± 2。查星图，我们看到，这个方向位于室女座和狮子座之间，已经稍微偏离了室女座，进入了狮子座。

6.4.4 方向

银河系向着狮子星座方向运动。如果把它就当成此地的相对宇心的膨胀速度，那么，宇心就在背着室女星座方向。并且，距离不会太远，因为，600 千米/秒的速度相对小。但是，这个分析是建立在背景辐射完全不膨胀的假设基础之上的。显然，这种假设是没有根据的。

大爆炸初期，宇宙处于热平衡态之中，所有粒子和光子的膨胀速度都相同。与光子脱耦后，质子等静止质量不为零的粒子的热运动速度逐渐慢下来，它们的膨胀速度也逐渐慢下来。然而，光子的无规则运动速度不会慢。所以，背景辐射的膨胀速度虽然也逐渐

下来。但是，它应该比同一地方粒子的膨胀速度大。

有了上面的物理图像，寻找宇宙质心的思路就清晰了。

把上面叙述的银心相对背景辐射的速度认定为背景辐射在该处的膨胀速度大于银心膨胀速度部分，那么，宇心就应该在狮子座方向。

6.4.5 距离

在宇心坐标系中，各个地方背景辐射与天体的膨胀速度之差应该远小于它们的膨胀速度。

如果宇心距离为 50 亿光年，哈勃常数取 45 千米/（秒·百万秒差距）。那么，根据哈勃关系可以算出，银心的膨胀速度大约是 75 000 千米/秒。该处的背景辐射的膨胀速度就大约是 75 600 千米/秒。而室女座星系团的膨胀速度大约是 73 800 千米/秒。

这样的情景或许是合适的。

由于天文观测数据的精度比较低，本节距离的探讨只具有定性的意义。

这里，还需要考虑的最主要因素是银河系与仙女座星系的相对运动。但是，我们不知道，它们是在相互环绕；还是在相互靠近，最终碰撞。我们的膨胀速度应该考虑到它的修正。

不过，因为室女座星系群离我们最近，散得又比较开，见图 1.9。所以，大致地说，宇心在室女座星系方向，应该是问题不大的。

随时随地地确定宇宙中心的方位，不仅对于生活在地球上的人们是需要的，而且，对于将来的宇宙飞船来说，它更为重要。飞船要靠此来确定飞行的方向。

6.5 飞行速度与载荷比

为了逃避宇宙收缩,需要多大的速度呢?这是一个简单的问题。飞船以引力作为向心力做圆周运动。其方程是 $GM/R^2 = v^2/R$,其中,M 是宇宙总质量,大约是 10^{55} 克,R 是轨道半径,我们取 2×10^{28} 厘米。这样,就得到了飞行速度 $v = (GM/R)^{1/2} \approx 0.2c = 60\ 000$ 千米/秒,式中的 c 是光速。目前,高速飞机的速度只有每秒几千公里。

要达到如此高飞行速度,只有用最有效的热核燃料。并且,需要消耗大量的燃料来把飞船加速。由目前卫星、航天飞机的发射过程,我们就可以了解,燃料量要比飞船质量大得多。现在,让我们来估计载荷比。也就是飞船质量与燃料量之比。

设系统的总质量为 M,燃烧之后的质量是 M_0,它们之间的关系是 $M=\beta M_0$,其中的 β 是一个系数,一会儿再来讨论它。

火箭的原理是反冲。就像喷气式飞机那样,把燃料燃烧后的高温产物喷射出去。我们用 η 来表示载荷比。$(1-\eta)M_0$ 是喷射出去的;ηM_0 是剩下的,包括飞船。根据动量守恒,我们有 $(1-\eta)M_0V/[1-(V/c)^2]^{1/2} = \eta M_0 v/[1-(v/c)^2]^{1/2}$,式中 V 是喷射物的平均速度,v 是剩余物(包括飞船)的最后速度。因为我们要求飞船的最后速度为 $1/5$ 光速,所以必须用相对论的公式。再由能量守恒,有 $(1-\eta)M_0/[1-(V/c)^2]^{1/2} + \eta M_0/[1-(v/c)^2]^{1/2} = M$。

解这几个方程,就可以得到,$v = \{1-[2\eta\beta/(\beta^2-1+2\eta)]^2\}^{1/2}$。

得到这个结果还是需要一些运算和技巧的。有兴趣的读者可以

自己做做。

可以求出 $\beta = 4m_H/m_{He} = 1.007$。

于是,当载荷比为 0.01 时,可以获得 0.8 光速的高速度。从而满足我们的要求。

6.6 宇宙飞船

从是否载人的角度来说,宇宙飞船可以分为两类。

6.6.1 不载人飞船

在逃避宇宙收缩的飞行中,飞船要绕宇宙中心飞行 10^{10} 年(量级)。在进入绕宇宙中心的圆形轨道之后,不用任何动力,它就可以长时间地在轨道上运动。但是,如果飞船载人,那么,维持人生存和不退化地繁殖延续所需要提供的能源会是难以想象地巨大,相关的技术难题也一定会是空前繁杂和艰巨。

比较有效的方式可能是不载人飞船。目的是保存人类已经了解的科学技术、文化艺术……待到宇宙下一次大爆炸之后,在条件适宜之地,飞船可以借助于恒星发出的光能启动仪器,降落,自动"克隆"出一批"新人"……展开新的一轮文明。

由上一节我们看到,即使是不载人飞船,困难也是非常大的。粗略的计算一下,主要困难有:

(1) 人类还不能自由控制聚变热核反应。

(2) 载荷比太小。

(3) 宇宙中心距离目前很难确定。

这些困难都不是很快就能解决的。尤其是最后一个。好在时间还长。若干个世纪之后,人类移居到了银河系的一些星球,甚至其他星系的星球。到那时，或许此类飞船的发射会被付诸实施。

6.6.2 载人飞船

从现在算起，经过宇宙膨胀至最大，再收缩到现在这样大小，大约有1000多亿年的漫长时间。在这段时间内，人类会迁徙若干次。所以，努力计划、设计、建造好适宜的飞船就是十分重要的了。

这种飞船的飞行时间比上一小节叙述的无人飞船的飞行时间少得多。太阳的寿命还有不到一百亿年。银河系的寿命不会这样短。如果在太阳附近十几光年的范围内能找到类似地球的环境，那么，这种飞船便是一种纯粹的运输工具。即使是这样，其要求也是现代技术无法满足的。主要是其距离和时间之长是目前人们在地球上的旅行所无法比拟的。

（1）首先得有较大的容量。容量大，运输工具的效率才会高。不仅如此，对于人的健康而言，在长达几年、几十年甚至更长的旅行中，人多一些也是非常有好处的。

（2）应该提供与地球相近的环境。比如重力，长时间的失重对人的健康是不利的。

（3）应该选择适当的发射地。在月球上、小行星上、空间站上发射或许更为合适。

……

一个重要的问题是燃料。大量的移民，遥远距离的迁徙都需要大量的高效燃料——氢。地球上的氢恐怕是不够的。

6.7 外行星、燃料库

人们通常把水星、金星、地球和火星叫做太阳系的内行星，而

把其余的五颗叫做外行星。20世纪70年代，先后有两艘飞船到达木星附近空间。与其他外行星比起来，人们对它的了解要确切一些。

6.7.1 木星的概况

木星［参考 C. 萨根等著（张钰哲等译），《太阳系》，科学出版社，1981：103］是太阳系最大的行星。它的体积是地球体积的一千多倍，质量是地球质量的318倍。它的密度是1.33克/厘米^3。它的赤道半径为71 400千米，极半径为67 000千米。都比地球半径长十多倍。它到太阳的距离约为8亿千米，是日地距离的5倍多。它的自转周期是9小时55分41秒。不到地球自转周期的一半。

因为它的质量很大，引力就很大，所以连最轻的氢气都逃不掉。木星大气的最外层就是氢气，向内依次是氢云、氨晶、硫酸氢氨晶体、冰晶和水滴。这个木星大气层厚1000千米。再往里，是厚达24 000千米的液态分子氢。更往里，就是金属氢了。这是由巨大的压力造成的。我们都知道，在地球上，从海平面每下潜10米就会增加一个大气压。在木星的24 000千米深的液态氢之下，估计压强约为300万个大气压，温度约为11 000K。在木星的中心，估计有一个核，它的主要成分是铁和硅酸盐。这和地球等近日行星的成分类似。木星的剖面如图6.2所示。其中，最外边的黑圈表示大气层。

因为飞船得不到木星核的资料，所以说"估计"。但是，根据1998年彗星撞入木星的液体氢海洋的情况，以及地球每年要接收成千上万颗流星的事实，可以说，这个估计是比较可靠的。

木星有13颗卫星。它们可以分成三群。最内侧的一群有五颗。最靠近木星的卫星叫阿玛尔蒂（Amalthea）。其直径可能为150千米。从它向外，依次是木卫一（Io），木卫二（Europa），木卫三

(Ganymede)和木卫四(Gallisto)。木卫一的直径为 3640 千米,距木星约 400 000 千米。木卫二的直径为 3100 千米。木卫三的直径为 5270 千米。木卫四的直径为 5000 千米。它们的轨道都是圆形,并且都位于木星的赤道面内。它们的成分有岩石、土壤、冰、盐、硫磺等,有稀薄的大气。它们之外的一群有四颗,直径从 18~60 千米不等;运行轨道与木星的赤道面交成约 28 度,离木星约 116 亿米。最外边的一群也是四颗,直径约在 16~22 千米;与木星相距约 220 亿米;与其他九颗不同,它们绕木星自东向西逆行;它们的轨道与木星的赤道面交成约 25 度角。

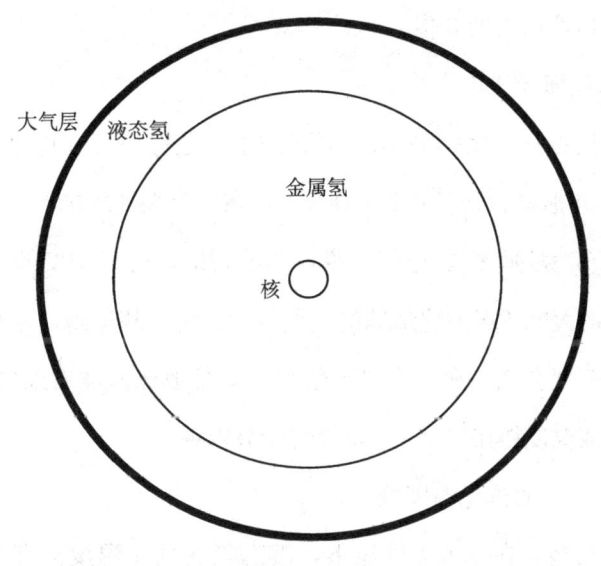

图 6.2　木星剖面图

6.7.2　开发利用

了解到木星的构成,就知道,它基本上是一个氢的储藏库。好像是大自然特地为人类的宇宙航行准备的。

但是,要实际地利用木星上的氢,还有许多巨大的困难。粗略

地归纳一下，有以下几项：

1. 引力太大

木星的质量是地球的 318 倍，半径是地球的约 11 倍。用符号表示，就是 $M_木 = 318 M_地$，$R_木 = 11 R_地$。

如果一个物体的质量是 m，它在地球是重 $P_地$。也就是说 $P_地 = G M_地 m / R_地^2$。

它在木星是重 $P_木 = G M_木 m / R_木^2$。

将上面两式相除，再稍做整理，便可以得到，$P_木 \approx 3 P_地$。注意到，这个结果与物体的质量 m 无关。这就表示，任何物体在木星上的重量都是地球上的 3 倍。

2. 木星海洋密度太小

从有关的书［参考饭田修一等编（曲长芝等译），《物理学常用数表》，科学出版社，1987］上不难查到，在一个大气压之下，液态氢的密度是 0.07 克/厘米^3。也就是说，还不到地球海洋密度的 1/14。当然，木星的大气压可能比地球的大气压大一些，相应地，木星表面的液态氢的密度会大一些。但是，恐怕也就是地球海洋密度的 1/10 左右。这个情况使得在木星表面漂浮都十分困难。

3. 液态氢的汽化温度极低

容易查到，在一个大气压下，液态氢的气化温度只有 20K。在木星表面，它或许要高一些。但是，不会有太大的变化。在这种情况下，在木星海面上航行时产生的摩擦热就会使周围的氢气化。这样的航行是人类面临的全新课题。

4. 木星表面根本没有陆地

这个事实给飞船的"着陆"和起飞造成极其巨大的困难。

5. 木星的大气层中有许多晶体

这使得飞船飞近木星表面都十分困难。

……

有利条件大约是:

1. 氢储量极其丰富

2. 木星有许多卫星可供利用

这些卫星中有几个与地球类似,有陆地,有水。质量比地球小,便于飞船的起飞和降落。人类可以在其上建立基地。

……

6.7.3 其他外行星

根据行星形成的理论判断,其他外行星也有与木星类似的结构。也就是说,它们也都被一层液态氢包围着。它们也是人类可以利用的燃料库。其中,土星的情况与木星近似,质量大,卫星多。但是,它比木星还多一个特点,有一个在地球可以看到的"光环"。它实际上是在土星的赤道面上绕土星旋转的许许多多颗小铁块、小石块、小冰块。这给要接近土星表面的飞船带来极其巨大的困难。

或许,天王星、海王星和冥王星上面的氢相对比较容易地被人类利用。它们的质量比较小,大气中可能没有晶体。但是,上面所列的木星所具有的第二、三、四条困难同样存在。人类要克服它们,还有很长的路。

还有一个大胆的设想。能不能把整个行星都利用起来?具体来说,就是将其岩石的核心作为飞船,而将外围的氢作为燃料。要实现这个设想,至少得达到下面几个主要条件:

(1) 核心质量只能占燃料质量的百分之一。否则燃料会不够用。

（2）得设法使燃料与核心一起运动。比如说，给整个行星造一个外壳。这样才能把整个行星加速。

比如说，可以选择质量小的冥王星。首先是把它的岩石核心建成人类的家园、太空遨游的飞船。它的氢不够，可以从临近的海王星上取。再建造一个与核心固定的分仓式外壳。

关于宇宙航行，有兴趣的读者可以看笔者 2014 年出版的《宇宙中航行》。

总之，时间还很长，有理由相信，人类会克服种种困难，实现遨游太空的理想，躲过宇宙收缩的劫难。

 # 附录 作者简历

张邦固，男，1944年5月23日出生在重庆市永川县，1966年7月从吉林大学物理系毕业后留校任教，先后辅导过"电动力学"，主讲过"量子力学"，带过学生的毕业论文，与人合作发表过数篇原子核理论方面的论文，1978年考取中国科学院高能物理研究所朱洪元院士的研究生，1981年获理学硕士，被分配到科学出版社工作，2004年6月退休，编辑出版了三百多种著作或教材，有译著《量子电动力学讲义》、《量子力学与路径积分》（译自诺贝尔奖获得者费曼的英文原著）和《量子力学》（译自诺贝尔奖获得者汤川秀树的日文原著）等，在英国 J. of Physics、美国 Phys. Rev.、《中国科学》、《科学通报》、《高能物理与核物理》、《原子核物理评论》等杂志上发表三十几篇论文，有著作《恒星起源动力学》、《宇宙奥秘》、《空间奥秘》、《宇宙中航行》、Dynamics of Origin of Stars。

主要工作

（1）发现玻尔兹曼微分积分方程不能描述孤立气体团在自身引力作用下收缩形成早期恒星的自然过程。其根源是，宏观系统中，粒子之间的引力被忽略了，传统的统计力学把粒子的速度和位置都当成独立的变量。在宇观系统中，引力起主导作用，粒子的速度既

有属于热运动的与其位置无关的部分,也有由粒子之间引力带来的与其位置有关的部分。据此,提出新的方程,可以描述上述过程。

(2) 揭示,由忽略了引力的宏观系统总结出来的熵增原理不适用于以引力为主的宇观系统。因为,在宏观系统,引力被忽略,无规则热运动占主导地位,体现系统无规则运动的熵就倾向增加;在宇观系统,引力占主导,粒子的运动趋向有序,熵就要减少。

(3) 强调宇宙微波背景辐射的光子平衡态性质,指出它定性地决定了,我们宇宙是引力束缚态,不会永远膨胀;根据天文观测的背景辐射温度、宇宙密度和宇宙半径计算了我们宇宙的总能量,发现宇宙总质量小于宇宙总静止质量,定量地说明,我们宇宙是引力束缚态。

(4) 由背景辐射温度和观测到的宇宙密度得到,光子数是粒子数的一百亿倍。推断,宇宙的整体运动由背景辐射决定。

(5) 众星系退行表明,背景辐射已经膨胀了百多亿年。推断,光子平衡态必然膨胀。这就是大爆炸的原因。

(6) 指出,膨胀会在背景辐射温度降到绝对零度(它完全消失)后结束。

(7) 在均匀分布条件下得到,收缩是同步的。

(8) 当众粒子同步到达宇宙质量中心附近一个相对小(大约一亿公里)区域,会发生剧烈碰撞,激发下一个光子平衡态。

(9) 提出对称假设:我们宇宙将来的收缩阶段与现在正在进行的膨胀阶段在宇宙半径-时间图上是左右对称的。

根据观测到的宇宙密度(没有计及暗物质)计算出,宇宙年龄(从大爆炸到现在的时间)约为940亿年。

据说，暗物质密度要大十倍。如果算上暗物质，宇宙年龄约为300亿年。

（10）指出了我们宇宙质量中心的大致方位。

（11）计算了宇宙熵。它在不断减少。

（12）发现太阳氢核数-时间函数。

（13）揭示，结束恒星主序期膨胀的主要动力是氦区底部发生的锂-氦聚变所释放的能量。

（14）提出物理变星的内在机制。

（15）建立了新的恒星演化模型。

（16）发现主序期恒星只有一个自由度。就是说，只要知道某主序期恒星一个（内在）性质（比如质量），就可以借助于各性质之间的经验关系把该恒星的其他性质（例如光度、表面温度、半径、寿命等）计算出来，不包括自旋。

名词术语

宇宙背景辐射：我们这个膨胀的宇宙中处处存在的辐射。

长度：一维空间的大小。

动能：运动能量的简称。物质由相对运动而增加的能量。

封闭系统：与外界没有物质和能量交换、也没有相互作用的系统。

光谱：一束光的组成部分按频率大小的排列。

黑体辐射：处处温度相同、频率谱服从普朗克分布的辐射系统。

宏观系统：尺度与人的大小相差不多的系统。

红移：用同一种元素的特征光谱来比较，相对于实验室静止元素的光谱而言，某光谱向频率小的方向偏移。

空间：物质和运动的广延性。

力：物质之间的相互作用。

能量：物质运动的量。

频率：周期运动在单位时间内的周期数。

平衡态：热平衡态的简称。处处的温度都相同的系统。

熵：物质混乱运动的量的度量。

时间：物质运动的持续性。

势能：一定条件下可以转化为动能的能量。

束缚态：不可能因成员自行逃逸而消散的系统。

特征光谱：各种元素所具有的各自独特的光谱。

温度：物质混乱运动激烈程度的度量。

微观系统：尺度小于等于 0.1 纳米的系统。

物质：不依赖人的主观意识的客观存在。可以被人认识和测量。

系统：一定量的物质。

引力：所有物质都具有的一种相互作用。

宇观系统：尺度等于大于 10 光年的系统。

元素：由同一种原子组成的物质。

原子：用化学方法所能得到的最小物质。

质量：物质的量。由其惯性或引力性质来度量。

紫移：用同一种元素的特征光谱来比较，相对于实验室静止元素的光谱而言，某光谱向频率大的方向偏移。